JN013240

東京大学工学教程

原子力工学
放射線化学

東京大学工学教程編纂委員会 編

勝村庸介 著
工藤久明

Radiation Chemistry

SCHOOL OF ENGINEERING
THE UNIVERSITY OF TOKYO

丸善出版

東京大学工学教程

編纂にあたって

　東京大学工学部，および東京大学大学院工学系研究科において教育する工学はいかにあるべきか．1886 年に開学した本学工学部・工学系研究科が 125 年を経て，改めて自問し自答すべき問いである．西洋文明の導入に端を発し，諸外国の先端技術追奪の一世紀を経て，世界の工学研究教育機関の頂点の一つに立った今，伝統を踏まえて，あらためて確固たる基礎を築くことこそ，創造を支える教育の使命であろう．国内のみならず世界から集う最優秀な学生に対して教授すべき工学，すなわち，学生が本学で学ぶべき工学を開示することは，本学工学部・工学系研究科の責務であるとともに，社会と時代の要請でもある．追奪から頂点への歴史的な転機を迎え，本学工学部・工学系研究科が執る教育を聖域として閉ざすことなく，工学の知の殿堂として世界に問う教程がこの「東京大学工学教程」である．したがって照準は本学工学部・工学系研究科の学生に定めている．本工学教程は，本学の学生が学ぶべき知を示すとともに，本学の教員が学生に教授すべき知を示す教程である．

2012 年 2 月

2010-2011 年度
東京大学工学部長・大学院工学系研究科長　北　森　武　彦

東京大学工学教程

刊 行 の 趣 旨

　現代の工学は，基礎基盤工学の学問領域と，特定のシステムや対象を取り扱う総合工学という学問領域から構成される．学際領域や複合領域は，学問の領域が伝統的な一つの基礎基盤ディシプリンに収まらずに複数の学問領域が融合したり，複合してできる新たな学問領域であり，一度確立した学際領域や複合領域は自立して総合工学として発展していく場合もある．さらに，学際化や複合化はいまや基礎基盤工学の中でも先端研究においてますます進んでいる．

　このような状況は，工学におけるさまざまな課題も生み出している．総合工学における研究対象は次第に大きくなり，経済，医学や社会とも連携して巨大複雑系社会システムまで発展し，その結果，内包する学問領域が大きくなり研究分野として自己完結する傾向から，基礎基盤工学との連携が疎かになる傾向がある．基礎基盤工学においては，限られた時間の中で，伝統的なディシプリンに立脚した確固たる工学教育と，急速に学際化と複合化を続ける先端工学研究をいかにしてつないでいくかという課題は，世界のトップ工学校に共通した教育課題といえる．また，研究最前線における現代的な研究方法論を学ばせる教育も，確固とした工学知の前提がなければ成立しない．工学の高等教育における二面性ともいえ，いずれを欠いても工学の高等教育は成立しない．

　一方，大学の国際化は当たり前のように進んでいる．東京大学においても工学の分野では大学院学生の四分の一は留学生であり，今後は学部学生の留学生比率もますます高まるであろうし，若年層人口が減少する中，わが国が確保すべき高度科学技術人材を海外に求めることもいよいよ本格化するであろう．工学の教育現場における国際化が急速に進むことは明らかである．そのような中，本学が教授すべき工学知を確固たる教程として示すことは国内に限らず，広く世界にも向けられるべきである．2020 年までに本学における工学の大学院教育の 7 割，学

部教育の3割ないし5割を英語化する教育計画はその具体策の一つであり，工学の教育研究における国際標準語としての英語による出版はきわめて重要である．

　現代の工学を取り巻く状況を踏まえ，東京大学工学部・工学系研究科は，工学の基礎基盤を整え，科学技術先進国のトップの工学部・工学系研究科として学生が学び，かつ教員が教授するための指標を確固たるものとすることを目的として，時代に左右されない工学基礎知識を体系的に本工学教程としてとりまとめた．本工学教程は，東京大学工学部・工学系研究科のディシプリンの提示と教授指針の明示化であり，基礎(2年生後半から3年生を対象)，専門基礎(4年生から大学院修士課程を対象)，専門(大学院修士課程を対象)から構成される．したがって，工学教程は，博士課程教育の基盤形成に必要な工学知の徹底教育の指針でもある．工学教程の効用として次のことを期待している．

- 工学教程の全巻構成を示すことによって，各自の分野で身につけておくべき学問が何であり，次にどのような内容を学ぶことになるのか，基礎科目と自身の分野との間で学んでおくべき内容は何かなど，学ぶべき全体像を見通せるようになる．
- 東京大学工学部・工学系研究科のスタンダードとして何を教えるか，学生は何を知っておくべきかを示し，教育の根幹を作り上げる．
- 専門が進んでいくと改めて，新しい基礎科目の勉強が必要になることがある．そのときに立ち戻ることができる教科書になる．
- 基礎科目においても，工学部的な視点による解説を盛り込むことにより，常に工学への展開を意識した基礎科目の学習が可能となる．

東京大学工学教程編纂委員会　　委員長　大久保　達也

幹事　吉村　忍

原子力工学

刊行にあたって

　原子力工学関連の工学教程は全10巻からなり，その相互関連は次ページの図に示すとおりである．この図における「基礎」，「専門基礎」，「専門」の分類は，原子力工学に近い分野を専攻する学生を対象とした目安であり，矢印は各巻の相互関係および学習の順序のガイドラインを示している．すべての工学の基礎である数学・物理学・化学・生物学や，特に関連性の深い工学分野との関係も示している．原子力工学以外の工学諸分野を専攻する学生は，そのガイドラインに従って，適宜選択し，学習を進めて欲しい．

　原子力は，幅広い分野の人材が活躍する総合工学である．また，原子核エネルギーの解放である原子力発電や核融合に加え，核壊変や加速器から生み出される放射線は工業，医療，生命分野などへ応用が広がっている．福島第一原子力発電所事故の教訓を生かし，確固たる学術的基盤に立脚しながら，異なる分野の人材がお互いの分野を理解しながら連携するマネジメントが重要である．さまざまな分野から構成されてはいるが，相互の密接な関連と全体像を俯瞰し，さらに学際的な課題解決に必要な領域に発展していることを意識しながら，工学諸分野を専攻する多くの学生に原子力工学を学ぶ機会をもって欲しい．

＊　　＊　　＊

　放射線化学は，放射線が物質に照射されたときに引き起こされる化学的変化を取り扱う分野である．原子核工学 II で解説する物理的基礎過程によるエネルギー付与の後，物質や材料に起こる変化，生体に現れる影響を理解するうえで，また，放射線を産業や医療に応用するうえで，不可欠の基盤である．この『放射線化学』では，短寿命中間活性種の挙動とその観測方法について述べた後，気相，水と水溶液，液体有機物，高分子の放射線化学を解説し，イオンビーム誘起の放射線化学にも触れる．放射線の利用や，放射線と同様に電離や励起の能力をもつ極端紫外線の応用は，工学の幅広い分野に及んでいる．本書の内容は，原子力工学はもちろんのこと，工学に携わる多くの学生にとって，有用なものとなっている．

東京大学工学教程編纂委員会

原子力工学編集委員会

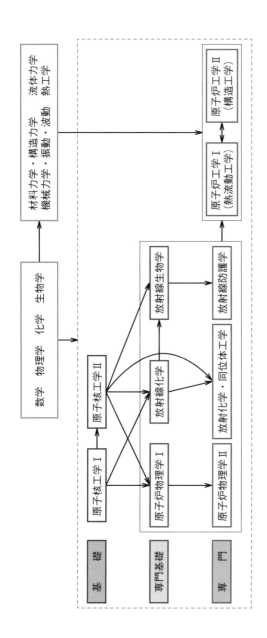

工学教程（原子力工学分野）の相互関連図

目　　　次

は じ め に

　放射線化学は，放射線と物質の相互作用を介して，そのエネルギーが物質に付与されて引き起こされる物理的，化学的な反応を理解する学問分野で，100年以上の歴史をもっている．レントゲンのX線(1895)，ベクレルの放射能の発見(1896)は，いずれも写真乾板の放射線による感光作用によるものであり，キュリー夫妻のラジウムからのα線による種々の放射線効果の観測(1899)などに端を発する．水は，われわれのまわりで最もポピュラーな物質で，生体の半分以上は水であることなどから，水溶液に対する放射線作用の研究が進み，現在では，その反応過程は，それ以外の物質のどれよりも深く理解されている．放射線反応の研究が最も進んだのは，第二次世界大戦中の米国の原爆開発のためのマンハッタン計画であった．その後，さまざまな放射線源が容易に使用できるようになり，研究対象も水以外のガス，有機物，固体，高分子材料などに広がった．

　一方，放射線は現代生活のさまざまな場所で活用されている．医療機関では放射線を用いた診断や治療がなされ，放射線なしの医療は考えられない．放射線を用いた電線改質，ラジアルタイア生産，さまざまな機能をもつ材料製造，ガスや水などの環境浄化の試みなどもなされ，放射線はわれわれの生活を豊かにする手段になっている．一方で，過剰の放射線被ばくは身体に悪影響を与えるため防がねばならない．このように放射線は諸刃の剣であり，使用の仕方で薬にもなるし，逆に毒にもなる．このような社会で生活するわれわれにとって，放射線の効果を理解しておくことは重要である．本書がその一助になることを願う．

1 放射線の単位と線量，線量測定

　放射線には α, β, γ 線から始まり，電子ビーム，X 線のほか，陽子ビーム，ヘリウムイオンビームなどのさまざまなイオンビーム，陽電子，中性子，μ 中間子など多くの種類がある．これらをまとめて放射線として扱うのは，いずれも物質と相互作用して，物質をイオン化するという共通の性質があるためである．

　放射線化学は放射線が物質との相互作用により，そのエネルギーの一部を付与することにより引き起こされる化学反応を理解する化学分野である．放射線化学と似た名称の**放射化学**とよばれる分野もあるが，こちらは放射性物質の化学的性質や反応に着目した分野であり，放射線化学とは異なる．

　放射線化学は放射性物質の発見とともにスタートした．1898 年に Marie Curie（マリー・キュリー）と Pierre Curie（ピエール・キュリー）は放射性同位元素であるラジウムを発見し，翌年には，ラジウムの作用でオゾンが生成することを報告した．1901 年には臭化ラジウム水溶液から連続的に気泡が発生し，溶液が褐色に変わることを観測した．これが水の放射線分解の最初の発見である．彼らはラジウムによる各種気体のイオン化，飽和水蒸気の凝縮による霧化，ガラスや陶器の着色，パラフィンや有機物結晶の非結晶化，食卓塩の着色，セルロースの分解劣化など，さまざまな放射線効果を報告している．したがって，キュリー夫妻は放射線化学の創始者といっても過言ではなかろう．これらにはラジウムの α 線の誘起反応に特徴的な，イオンビームの引き起こす反応も含まれている．

　放射線化学が放射線作用による化学作用，放射線効果を対象とするため，放射線を量として捉えるとともに，その作用を原子や分子の変化量として測定する必要がある．本章では放射線の量や G 値などについて紹介する．

1.1 線　量

1.1.1 3種類の線量と単位

　放射線の量を**放射線量**とよぶ．放射線の量を議論する場合，放射線の種類により，放射線を一つ，二つと数えることができ，これらを放射線量として扱うこと

もできるが, 有用性には欠ける. 主に実用的な観点から, **照射線量**, **吸収線量**, **等価線量**の3種類の線量が利用されている. 照射線量は X 線や γ 線の放射線場の線量強度を示すために使われる線量で, 単位は 0℃, 1 atm の乾燥空気 1 kg 中でイオン化する量を C kg^{-1}単位で示す. それに対し, 吸収線量は物質の単位質量あたりに付与されたエネルギー量を示し, 単位は **Gy**(グレイ)を用いる. 1 Gy は 1 J kg^{-1}である. 3番目の等価線量は吸収線量に生物効果を反映するための放射線加重係数を乗じて使用し, **Sv**(シーベルト)という単位を用いている. この単位は, 主に放射線防護の分野で使用される. 放射線化学ではもっぱら吸収線量が用いられる. 吸収線量は物質, 放射線の種類によらない単位であることが特徴である. 単位時間あたりに与えられる放射線量を**線量率**とよび, Gy s^{-1}, mSv h^{-1}などと表示する.

旧単位として **rad**(radiation absorbed dose)が Gy に代わりに使用されていた. 100 erg/g=1 rad であるので, 100 rad=1 Gy となる. 同様に **rem**(röntgen equivalent in men and mammal)が線量等量として使用され, 100 rem=1 Sv の関係がある.

1.1.2 *W*値とイオン化ポテンシャル

放射線分野でしばしば用いられる単位として *W* 値がある. 気体物質中で 1 イオン対を形成するのに必要な放射線の吸収エネルギーを eV 単位で示したものである. 一方, イオン化に必要なエネルギーとしてイオン化ポテンシャルがある. 表 1.1 にいくつかの原子, 分子の *W* 値, 表 1.2 にいくつかの原子, 分子のイオン化ポテンシャルを示す[1]. このうち, He ガスの *W* 値は 41.5 eV であるのに対し, イオン化ポテンシャルは 24.59 eV であり, *W* 値のほうが大きな値を示す. このイオン化ポテンシャルよりも *W* 値のほうが大きいという関係は, 他の原子や分子でも成立する. 両方ともイオン対形成に必要なエネルギーという点では共通しているものの, 値が異なるのはなぜであろうか. *W* 値は気相の原子あるいは分子集団が吸収した放射線エネルギーの総量を発生したイオン対の総数で除した値である. この吸収エネルギーがすべてイオン化に使用されるのではなく, ほかに原子や分子のさまざまなモードの励起にも使用される. 一方, イオン化ポテンシャルはイオン化そのものに必要なエネルギーであることから, *W* 値はイオン化ポテンシャルよりも常に大きな値を示すことになる.

表 1.1 　いくつかの原子，分子の W 値

気体	γ 線に対する W 値 (eV)	α 線に対する W 値 (eV)	気体	γ 線に対する W 値 (eV)	α 線に対する W 値 (eV)
He	41.5	46.0	CO_2	32.9	34.1
Ne	36.2	35.7	H_2O	30.1	37.6
Ar	26.2	26.3	NH_3	35	—
Kr	24.3	24.0	CCl_4	25.3	26.3
Xe	21.9	22.8	$CHCl_3$	26.1	—
H_2	36.6	36.2	SF_6	34.9	35.7
N_2	34.6	36.39	CH_4	27.3	29.1
O_2	31.8	32.3	C_2H_2	25.7	27.3
air	33.73	34.98	C_2H_4	26.3	28.03

A. J. Swallow: *Radiation Chemistry, An Introduction* (John Wiley & Sons, 1973) p. 78.

表 1.2 　いくつかの原子，分子のイオン化ポテンシャル（IP）

原子または分子	IP(eV)	原子または分子	IP(eV)
H	13.60	HCl	12.7
D	13.60	HBr	11.6
He	24.59	CO_2	13.8
Ne	21.56	H_2O	12.6
Ar	15.76	NH_3	10.2
Kr	14.00	CH_4	12.7
Xe	12.13	C_2H_2	11.4
H_2	15.4	C_2H_4	10.5
D_2	15.5	C_2H_6	11.5
N_2	15.6	C_3H_8	11.1
O_2	12.1	$c\text{-}C_6H_{12}$	9.9

A. J. Swallow: *Radiation Chemistry, An Introduction* (John Wiley & Sons, 1973) p. 63.

　気体を対象とする場合，W 値がわかっていれば，吸収線量からイオン化の総量を評価することも可能であり，逆にイオンの生成量からエネルギー吸収量を計算できる．以前は，照射線量の単位として R（レントゲン）が使用されていた．1 R は 1 cm^3 の空気中に 1 静電単位(esu)のイオン電荷が発生したときの，放射線の総量と定義される．1 静電単位は 3.336×10^{-10} C，標準状態の空気 1 cm^3 の質量は 1.293×10^{-6} kg なので，1 R は $3.336 \times 10^{-10}/1.293 \times 10^{-6} = 2.58 \times 10^{-4}$ C/kg

となる．2.58×10^{-4} C からイオン対の総量と空気の W 値，33.73 eV を用いて 1 kg の空気中のエネルギー吸収量を算出すると，1 R は 8.7 mGy となる．

1.1.3　*G*　値

放射線効果に対応する単位として G 値がある．G 値は単位エネルギー吸収量に対して原子や分子が分解したり，生成したりする量を示す．G 値が 1 とは 100 eV のエネルギー吸収で 1 個の化学種が生成したり，消滅したりすることを示す．本書では（/100 eV）の単位を付して用いる．SI 単位では mol/J である．100 eV のエネルギー吸収で 1 個の化学種ということは，1 J で $1/(100 \times 1.602 \times 10^{-19}) = 6.241 \times 10^{16}$ となり，Avogadro（アボガドロ）数で除して 1.036×10^{-7} mol となる．したがって，$G = 1$ /100 eV は SI 単位では 1.036×10^{-7} mol J^{-1} に等価である．

G 値という単位の使用は米国のマンハッタン計画（1942～1945）にさかのぼる．水の放射線分解を研究していた Burton（バートン）のグループが γ 値という言葉をしきりに使用していた．機密保安担当官は機密がもれないようにとこの言葉の使用は好ましくないと指摘したところ，ただちに Burton が gamma の頭文字をとって G 値を導入したといわれている．

1.1.4　マクロドジメトリーとマイクロドジメトリー

cm サイズの物体を放射線で均一に照射する場合，その吸収線量 D はこの領域に吸収されたエネルギー量 $d\varepsilon$ を質量 dm で除したもの，$d\varepsilon/dm$ で定義できる．この物質を半分にしても各断片の吸収線量はもともとの物体の吸収線量と同じである．さらに，物質中の対象領域を細かくしていくとどうなるであろうか．放射線は物質と飛び飛びに相互作用するので，物質にエネルギーを付与するイベントは均一ではなく，局在する．吸収線量は吸収エネルギーを対象領域の質量で割ったものであるので，対象領域を細かくしていくと，この対象の領域が局在部分を含む場合と含まない場合が出てくる．そのため，吸収線量の値はマクロで算出される値より，大きくなったり，小さくなったりして，もはやマクロでの扱いのような一定値を示さなくなる．微視的な放射線のエネルギー吸収の空間的な揺らぎを考慮した扱いをマイクロドジメトリー（微視的線量計測学）とよぶ．

　放射線が物質に入射してから止まるまでの距離を飛程といい，その痕跡を飛跡という．エネルギーの付与密度を示すパラメータの一つとして **LET**（linear energy transfer: 線エネルギー付与）がある．放射線の単位飛程，dx あたりのエネルギーの付与量，dE を用いて，dE/dx と定義される．eV/nm, keV/μm などの単位を用いる．低 LET 放射線である 1 MeV の電子線や γ 線では，水中で 0.3 eV/nm と算出され，同様に 1 MeV の陽子ビームでは 2.7 eV/nm，1 GeV のウランイオンのビームでは 10 keV/nm を超える大きな値となる．図 1.1 は共通の LET＝70 eV/nm を有する，H^+ (0.15 MeV), $^4He^{2+}$ (1.75 MeV/n), $^{12}C^{6+}$ (25.5 MeV/n) と $^{20}Ne^{10+}$ (97.5 MeV/n) の各イオンビームが，水中での相互作用によりエネルギーを付与した場所を点で示した計算結果である*．分岐は発生二次電子によるものである[2]．イオンビーム間で比較すると，重いイオンほど構造は広がり，同じ LET のイオンビームでも，種類によってミクロなエネルギー付与の構造が異なる．LET は進行方向である Z 軸の単位飛跡あたりのエネルギー付与の平均値を示すが，Z 方向と直交する X，Y 方向への広がりについては何も示して

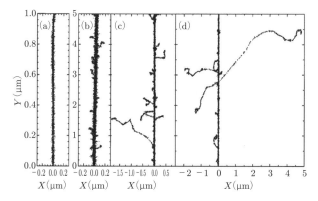

図 **1.1**　モンテカルロ計算で評価した，水中 Y 軸方向に進行する，共通の LET 値（〜70 eV/nm）を有するイオンの，各飛程に沿って生じたエネルギー付与点の XY 面上への投影分布．(a) H^+ (0.15 MeV), (b) $^4He^{2+}$ (1.75 MeV/n), (c) $^{12}C^{6+}$ (25.5 MeV/n) と，(d) $^{20}Ne^{10+}$ (97.5 MeV/n)
　　　　 Y. Muroya, *et al.*: Radiat. Res. **165** (2006) 485.

＊　ここで n はイオンの質量数を表し，1.75 MeV は運動エネルギーを質量数で割った値を示す．したがって，$^4He^{2+}$ の運動エネルギーは 1.75 MeV × 4 ＝ 7 MeV となる．同様に，$^{12}C^{6+}$ の運動エネルギーは 25.5 MeV × 12 ＝ 306 MeV である．この表示で同じ値は，同じ速度を意味する．

いないことに留意する必要がある．さらに，LET とよく似た単位として**阻止能**がある．阻止能は単位飛跡あたりの放射線の損失エネルギーである．LET と同じ次元をもち，ほとんど同じ値をもつことが多いが，一般に LET≦阻止能である．損失エネルギーのうち，飛程の大きな X 線や高エネルギー電子が発生する場合には飛跡近傍で吸収されないので，阻止能のうち飛跡近傍から逃げてしまうエネルギー分だけ，LET の値が小さくなるためである．

　物質中の局所的領域に与えられるエネルギーの密度を議論するために **lineal energy**（線状エネルギー），y という分布を扱うことがある．定義は，

$$y = \frac{\varepsilon}{\bar{d}} \tag{1.1}$$

である．ε は対象体積に沈着したエネルギーで，$\bar{d}$ は対象体積の平均弦の長さ（凸状のターゲットの場合，その体積 V と表面積 S を用いて，$4V/S$）である．半径 l の球の場合は $\bar{d} = 4l/3$ となる．y は単位体積あたりの付与エネルギーを示す．LET と同じ次元を有する物理量であるが，意味することはまったく異なっている．^{60}Co γ 線の照射で，直径が 12，7，1 μm の球体を想定し，空間内の各場所にこの球体を置いたとき，これに沈積するエネルギーから y を算出しその分布を計算し，横軸に y の値，縦軸に頻度を示すと図 1.2 が得られる[3]．0.08 eV/nm 近傍にピークをもつ分布となる．細胞や細胞内のターゲットなどの放射線影響の線質依存性を議論する場合の扱いとして貴重な解析法である．

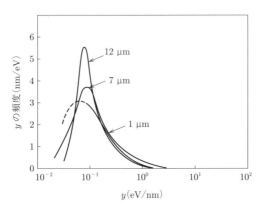

図 1.2　^{60}Co γ 線の体積要素直径 12，7 および 1 μm に
　　　　対する y の頻度分布
　　　　沼宮内弼男：Radioisotopes **23**（1974）474.

1.2 線 量 測 定

放射線量を測定すること，あるいはその測定技術が**線量測定**であり，線量測定に用いる装置，機器のことを**線量計**とよぶ．線量測定は放射線防護の分野はもちろん，放射線治療，放射線滅菌，放射線照射による材料改質などの放射線利用の分野では不可欠で，品質保証のためには精度の高い線量測定が必要となる．

1.2.1 一次線量計と二次線量計

照射線量は空気中の放射線による電離量を用いて定義されている．電離量を基本においた線量計として電離箱がある．そのほか，ガス中のイオン量を計測する線量計として，比例計数管，**GM**(Geiger-Müller)管などがある．吸収線量はエネルギー注入量に対応する．線量計のうち，直接定義に従った測定法に基づく線量計が一次線量計である．間接の測定に基づくものは二次線量計と区別される．放射線の効果としては，さまざまなものが知られている．化学反応での酸化や還元，着色，発光，退色，ラジカル生成，微生物の生存率などの放射線効果が吸収線量と明確に対応づけられていれば，それらは二次線量計として活用できる．具体的には，Fricke(フリッケ)線量計は酸化・還元，**PMMA**(polymethyl methacrylate)**線量計**は着色，**TLD**(thermo-luminescence dosimeter，熱ルミネッセンス線量計)は材料の照射後の昇温による発光，ブルーセロファンは退色，アラニン線量計はラジカル生成，微生物線量計は微生物の生存率が対応する．吸収線量に対する一次線量計としてカロリメーターがある．放射線照射による対象物質中の吸収エネルギーを温度上昇から評価するものであり，その物質中の温度上昇分を測定し，比熱を用いて吸収エネルギー量を決定する．カロリメトリーは一般に感度が低く，電子線のような線量率の大きな照射でのみ有効である．

線量計の特性としては，利用可能な放射線の種類，線量や線量率，精度，再現性，安定度，物理的な大きさ，操作性があげられる．それぞれの線量計の特徴を見極め，実用に応じて使い分けることが必要である．

1.2.2　γ線と電子線の等価性と電子平衡

　γ線と物質の相互作用は，γ線のエネルギーが増加するに従って，光電効果，Compton（コンプトン）散乱，電子対生成，と主要な過程が変化する．光電効果では光子のエネルギーは光電子のエネルギーに変換される．Compton 散乱でも電子が生成する．電子対生成では電子と陽電子が発生し，陽電子は周りの電子との電子対消滅でγ線を放出する．いずれの過程も電子を生成する．このことからγ線照射は電子線照射と等価と考えられる．したがって，近似的にγ線と電子線照射による反応の G 値は同じとなる．

　線源として ^{60}Co のγ線（1.17, 1.33 MeV）を用いて水溶液を照射することを想定しよう．このエネルギー領域では Compton 散乱が主要な相互作用である．Compton 散乱により電子が発生し，γ線の進行方向に偏って生成される．そこで，γ線源の近傍に位置する物質の線源側の表面と数ミリメートル内部の地点を考えてみる．内部地点では上流のγ線源側で発生した電子の影響を受けるのに対し，表面では上流からの電子は空気からのものだけである．したがって，表面の吸収線量は内部と比較して小さく，表面から内部に向かって，吸収エネルギーの急激な増加が生じることになる．線量評価の際には，このような現象を考慮しておく必要があり，ある物質の吸収線量を評価するためには，線量計は物質表面から数ミリメートル深部に埋め込むか，対象表面にセットして，その上に数ミリメートルの対象物質と等価な材料で覆う必要がある．すなわち，電子平衡を満たす必要がある．

　同様に，高エネルギー電子線での物質照射を想定する．電子線は荷電粒子であり，物質中の電子と相互作用し，イオン化，励起を引き起こすが，入射電子の質量は物質中の電子と等しいため，大きな散乱を受ける．これらの相互作用は電子ごとに異なり，それぞれのイベントを積み上げることによって，入射電子の挙動を評価することができる．このような挙動はモンテカルロ計算により再現することが可能である．図1.3 に水の試料に 1, 2, 3, 5 MeV のペンシルビーム状電子線を打ち込んだときの電子の挙動を計算した結果を示す．個々の電子の挙動は異なっているが多数の電子の挙動を寄せ集めると，平均的な全体の様子がみえてくる．それぞれの電子が軌道を変えたところでエネルギーを付与している．ブロードな電子線，あるいはペンシルビームを走査して全体を照射する場合の吸収線量の深度分布（図1.4）も計算できる．この図は**線量-深さ曲線**とよばれている．この場合

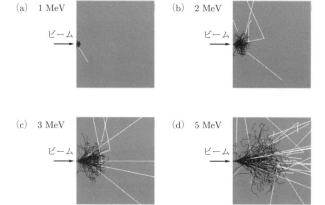

図 **1.3**　モンテカルロ計算(EGS5)による 1, 2, 3, 5 MeV の電子線
　　　　が水中に入ったときの各電子の挙動の射影
　　　　黒色のギザギザの動きを示すものが電子の動き，ギザ
　　　　ギザの領域から飛び出してくる白色の直線が生成する
　　　　制動放射 X 線を示す．図の一辺は 3 cm である．

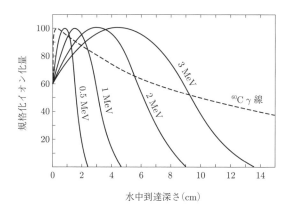

図 **1.4**　0.5, 1, 2, 3 MeV 電子線が水中に入った場合のイ
　　　　オン化分布の深さ依存性線量-深さ曲線とよば
　　　　れる．⁶⁰Cγ線(点線)についても示す．

も表面の線量は最大線量の 60% 程度から立ち上がり，最大値に達したのちに減少する．ある深度以上に電子線は届かない．電子線加速器を用いた照射利用を行う場合には，その電子の挙動をしっかりと把握しておく必要がある．

1.2.3　線量計測とトレーサビリティ

　放射線量の計測精度を保証するシステムとしての日本の国家標準は，産業技術総合研究所に設置されている放射能絶対測定装置群である．これらの測定装置は計量法に基づく放射能の国家標準である特定標準器群として，特別に管理されている．基準の線源を用いて各種の線量測定装置が校正され，特定二次標準器として認められ，この特定二次標準器を用いて実用に使用される測定器が校正される仕組みになっている．したがって，実用の測定器は二次標準器を介して，国家標準で校正されることになり，その精度が保証される．このような仕組みを**トレーサビリティ**(遡及性)とよぶ．このように，放射線についても，重量や長さの計測に用いられる秤や定規の精度保証とまったく同じシステムが必要で，この仕組みは品質保証には不可欠な仕組となる．工業利用，医学利用分野での比較的小さい放射線量に対してはすでにトレーサビリティの仕組みがある．しかし，放射線利用分野で用いられる電子線加速器の放射線場は 10 kGy 程度の高線量となり，国内では高線量放射線では十分なトレーサビリティの仕組みがないため，現在は外国機関で校正を依頼することになっており，国内での整備が期待されている．

1.3　化 学 線 量 計

　放射線化学反応に基づく線量計を**化学線量計**とよび，Fricke 線量計，セリウム線量計などがある．これらは水溶液であることから水溶液線量計とよばれ，反応メカニズムも明確にされており，実用的にも広く使用されている．これらについて紹介する．

　試料としての水の純度が反応に大きく影響することがある．再現性の良い実験結果を得るためには注意して水を精製する必要がある．通常の蒸留水に過マンガン酸カリウムおよび水酸化ナトリウムを加えて十数時間還流し，さらに二クロム酸塩で還流後，蒸留する．蒸留に際しては微量残存有機物を除去するために，純度の高い酸素ガスを加え，赤熱した石英管を通過したのち冷却，凝縮させる．さ

らに，これで得られた蒸留水は十分に清浄にした石英製の蒸留装置を用いて再度蒸留する．これらは石英製の容器で貯蔵する．こうして得られた試料は調整後3カ月間利用可能とされている．

　最近は超純水製造装置で容易に純度の高い水が得られるようになっている．装置からの水の純度を事前に確認して使用する必要がある．イオン状の不純物は容易に除去できるが，残存の極微量の有機物には特に注意を払う必要がある．

1.3.1　Fricke 線量計

　Fricke 線量計は米国人の Fricke(フリッケ)が考案した水溶液線量計で，実用的にも広く用いられるとともに，水の放射線分解評価にも重要な役割を果たしている．

　Fricke 線量計は硫酸 $0.4\ mol\ L^{-1}$，鉄の2価イオン(Fe^{2+})を $1\ mmol\ L^{-1}$含む水溶液であり，このことから鉄線量計ともよぶ．放射線照射により定量的に Fe^{2+} から Fe^{3+} への酸化反応が進行し，空気溶存系と脱気系では異なる G 値をもつ．照射前と 200 Gy 照射後の Fricke 線量計水溶液を光路長 1 cm の石英セルを入れて測定した光吸収スペクトルを図 1.5 に示す．Fe^{3+} の定量には吸収ピーク 304 nm でのモル吸光係数 $2164\pm5\ L\ mol^{-1}\ cm^{-1}$を用いる[4]．水溶液中での放射線反

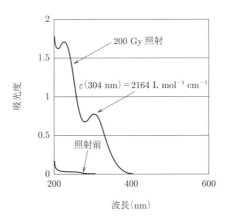

　　　図 1.5　1 cm の光学セルを用いて測定した
　　　　　　　Fricke 線量計(空気溶存系)の照射に
　　　　　　　より生成した Fe^{3+}の吸収スペクトル

表 1.3 硫酸水溶液(0.4 mol L^{-1})中の水の分解 G 値

化学種	$-H_2O$	$e_{aq}^- + \cdot H$	$\cdot OH$	H_2	H_2O_2
G 値(/100 eV)	4.5	3.7	2.9	0.4	0.8

応については5章で詳細に述べる. 硫酸 0.4 mol L^{-1}での水の分解 G 値を表 1.3 に示す.

水分解で生じた水和電子は酸性水溶液中ではヒドロニウムイオン(H_3O^+)とすみやかに反応して, 水素原子に変換される. また, $\cdot H$ 原子は O_2 が存在すれば $HO_2\cdot$ となる.

$$e_{aq}^- + H_3O^+ \longrightarrow \cdot H + H_2O \qquad k = 2.3\times10^{10}\,\mathrm{L\,mol^{-1}\,s^{-1}} \quad (1.2)$$

$$\cdot H + O_2 \longrightarrow HO_2\cdot \qquad k = 2.1\times10^{10}\,\mathrm{L\,mol^{-1}\,s^{-1}} \quad (1.3)$$

Fricke 線量計で進行する反応を以下に示す.

$$Fe^{2+} + \cdot OH \longrightarrow Fe^{3+} + OH^- \qquad k = 2.3\times10^{8}\,\mathrm{L\,mol^{-1}\,s^{-1}} \quad (1.4)$$

$$Fe^{2+} + \cdot H + H^+ \longrightarrow (FeH_2^{3+}) \longrightarrow Fe^{3+} + H_2$$
$$k = 7.5\times10^{6}\,\mathrm{L\,mol^{-1}\,s^{-1}} \quad (1.5)$$

$$Fe^{2+} + H_2O_2 \longrightarrow Fe^{3+} + \cdot OH + OH^-$$
$$k = 61.9\,\mathrm{L\,mol^{-1}\,s^{-1}} \quad (1.6)$$

$$Fe^{2+} + HO_2\cdot \longrightarrow Fe^{3+} + HO_2^- \qquad k = 1.2\times10^{6}\,\mathrm{L\,mol^{-1}\,s^{-1}} \quad (1.7)$$

$$HO_2^- + H^+ \longrightarrow H_2O_2 \qquad k = 4.5\times10^{10}\,\mathrm{L\,mol^{-1}\,s^{-1}} \quad (1.8)$$

反応式で, $\cdot$ が付いた化学種はラジカルを示す. ラジカルについては次章に説明する. さらに, k は対応する反応速度定数で, 文献[5]〜[7]による値である. 反応速度定数の定義, 反応の速度との関係は3章に記述する.

$HO_2\cdot$ は Fe^{2+} を酸化し, HO_2^- と等量の Fe^{3+} を生成する. 同時に HO_2^- を生成し, 酸性中であることから, これは H_2O_2 に化学形態が変化する. H_2O_2 はさらに Fe^{2+} を酸化, そこで $\cdot OH$ が生成するので, さらに Fe^{2+} を酸化する. したがって, $\cdot H$ の生成量の3倍量の Fe^{2+} を Fe^{3+} に酸化することになる. H_2O_2 は2倍量の Fe^{2+} を Fe^{3+} に酸化, $\cdot OH$ は等量の Fe^{2+} を Fe^{3+} に酸化する. したがって, 酸素存在下(aerated であるので A の添字を付ける)での Fe^{3+} 生成 G 値, $G(Fe^{3+})_A$ は以下のようになる. 表 1.3 に示す分解生成物の G 値を用いて, G 値の期待値も算出できる.

$$G(Fe^{3+})_A = 3(G_H + G_{e_{aq}^-}) + 2G_{H_2O_2} + G_{OH} = 15.6\,/\,100\,\mathrm{eV} \quad (1.9)$$

脱酸素下(deaerated で D の添字を付ける)では, 反応(1.5)に示すように, $\cdot H$ 原

子は H^+ とともに等量の Fe^{2+} を Fe^{3+} に酸化する.

$$G(Fe^{3+})_D = (G_H + G_{e_{aq}^-}) + 2G_{H_2O_2} + G_{OH} = 8.2 / 100\,eV \qquad (1.10)$$

　実用的な線量範囲は数十～数百 Gy であり，線量率の低い γ 線に利用できるが，高線量率下の電子線照射には適しない．純度の高い水を使用することが必要である．不純物の有機物の影響を回避するために少量の NaCl を添加することがある．この場合 Cl^- が・OH と選択的に反応し，すみやかに $Cl_2^{\cdot-}$ を生成し，これが Fe^{2+} を酸化する．このような機構により不純物としての有機物が・OH ラジカルと反応することを回避している．

　Fricke 線量計内で生じる Fe^{2+} の酸化反応の反応速度定数は実験的に測定されているので，これを用いて各ステップの反応時間スケールを検討する．・OH による酸化反応の反応速度が最も速く，$[Fe^{2+}] = 1\,mmol\,L^{-1}$ では，$k[Fe^{2+}]$ から反応速度は $2.3 \times 10^5\,s^{-1}$ となり，反応の時間スケールは，反応速度の逆数から 4.3 μs と算出できる．同様に，・H あるいは HO_2・による酸化の時間スケールは，各々 0.13，0.83 ms で，最も遅い反応は H_2O_2 による酸化で 16 s の時間スケールとなる．このことから Fricke 線量計では化学種ごとに反応の特性時間はマイクロ秒から十数秒の広い時間領域にわたることがわかる．

1.3.2　セリウム線量計

　Fricke 線量計と同様の $0.4\,mol\,L^{-1}$ 硫酸水溶液にセリウム 4 価イオン（Ce^{4+}）$0.5\,mmol\,L^{-1}$ とセリウム 3 価イオン（Ce^{3+}）を $0.5\,mmol\,L^{-1}$ 混合した系である（k は文献[5]，[7]，[8]による値）．放射線照射で誘起される Ce^{4+} イオンの Ce^{3+} イオンへの還元反応を利用している．酸素の有無によらず G 値は $2.4/100\,eV$ を示す．

$$Ce^{3+} + \cdot OH \longrightarrow Ce^{4+} + OH^- \qquad k = 3 \times 10^8\,L\,mol^{-1}\,s^{-1} \qquad (1.11)$$

$$Ce^{4+} + \cdot H \longrightarrow Ce^{3+} + H^+ \qquad k = 3.6 \times 10^7\,L\,mol^{-1}\,s^{-1} \qquad (1.12)$$

$$Ce^{4+} + HO_2\cdot \longrightarrow Ce^{3+} + H^+ + O_2 \qquad k = 2.7 \times 10^6\,L\,mol^{-1}\,s^{-1} \qquad (1.13)$$

$$Ce^{4+} + H_2O_2 \longrightarrow Ce^{3+} + HO_2\cdot + H^+ \quad k = 10^6\,L\,mol^{-1}\,s^{-1} \qquad (1.14)$$

したがって，

$$G(Ce^{3+}) = (G_H + G_{e_{aq}^-}) + 2G_{H_2O_2} - G_{OH} = 2.4 / 100\,eV \qquad (1.15)$$

　Ce^{4+} の吸収ピークは 320 nm でモル吸光係数 $5610\,L\,mol^{-1}\,cm^{-1}$ である[4]．この系は 10^4～10^6 Gy までの広い線量範囲をカバーでき，放射線滅菌や放射線照射

による材料改質の実用的な分野での線量評価に活用できる. しかし, Fricke 線量計の場合よりも使用する水の純度に敏感であることから, 高純度水の準備に十分な配慮を払うことが肝要である. 歴史的には, これらの線量計を組み合わせることで水の放射線分解で生成する化学種の G 値が算出され, 異なる LET をもつ放射線による水分解の機構解明に活用されてきた.

1.3.3 その他の線量計

二クロム酸線量計も水溶液線量計として利用が検討されている. 標準的な組成は 0.4 mol L^{-1} H$_2$SO$_4$ あるいは 0.1 mol L^{-1} HClO$_4$ に 2 mmol L^{-1} の K$_2$Cr$_2$O$_7$ を溶かしたもので, 0.5 mmol L^{-1} の Ag$_2$Cr$_2$O$_7$ を添加するものもある. 放射線照射により, 還元による二クロム酸イオンの減少量を測定することから線量評価をする. 二クロム酸イオンの吸収ピークは 350, 435 nm にあり, そこでのモル吸光係数は 2640, 410 L mol^{-1} cm^{-1} である[9]. G 値は 0.4/100 eV 程度で二クロム酸イオン濃度に依存する. その反応機構の解明が進み, 実用的な利用が提案されている.

水溶液中のクマリンは照射で生じた OH ラジカルと反応して, 7 位に OH が結合した付加物が一定の割合で生成する. この付加物は蛍光性であることから, その発光量は放射線吸収量に比例する. 付加物を波長 290, 365 nm の光で励起して, 各々に対応して発生する 400, 445 nm の蛍光を測定する. 発光測定であるため測定感度は非常に高く Gy オーダーは容易に達成でき, cGy もの低線量も測定可能である. 特に, カルボキシル化して水への溶解度(26 mg L^{-1})を上げた**クマリン-3-カルボン酸**(分子構造は図 3.6 を参照)が有用である. 同様な目的で安息香酸も使用することができる.

色素を溶かした線量計も有用である. Fricke 線量計などの線量計は強い酸性の硫酸水溶液であった. 照射容器が金属である場合は, 金属の腐食を回避するため, 中性の水や適切な溶媒に色素を溶かして利用するのが便利である. 放射線照射により溶解した色素が分解して脱色する. この脱色の度合を吸収線量と対応できれば線量計として活用できる.

2 イオン，励起状態，ラジカル

2.1 中間活性種の種類

　放射線は物質との相互作用を通じてエネルギーを失うが，逆に物質は放射線からエネルギーを付与されることになり，このエネルギーが物質中でのイオン化，励起を起こす．イオン化や励起が生じる結果としてイオン，電子，励起状態，ラジカルなどを形成する．これらは通常，反応性に富み，相互に反応したり，周囲の分子と反応して，新しい活性種を生じたりするが，寿命が短いため**反応中間体**，**短寿命化学種**などと総称される．これらの化学種の反応の結果，安定な最終生成物に至ることになる．この過程を下の図 2.1 にまとめてある．ギザギザのついた矢印，—\/\/\/→ は放射線照射を意味する記号で，光照射の —$h\nu$→ あるいは，＋$h\nu$→ や，熱反応の —Δ→ と同じように使用されている．液相の水に放射線を照射すると，イオン化や励起を生じ，H_2O^+，e^-，H_2O^* などが非常に短時間（10^{-12} s 以下）に生まれるが，10^{-6} s 後には水分子の結合が切れた・H，・OH といったラジカルや，水和電子とよばれている水中の電子，酸である H_3O^+ が生じる．これらは，水中に溶質が存在していれば，種類により反応して溶質を分解したり，ほかの物質に変換したりする．純水中であれば，最終的に水素分子，酸素分子や過酸化水素といった安定な生成物に至る．以上のような放射線照射によって生じる短寿命の中間活性種の種類と生成量を評価したり，これらの反応性の決定や，最終生成物の種類と量を確認したり，この生成物に至る反応過程など，放射線が引き起こす化学反応を対象にした分野を**放射線化学**とよぶ．対象とする化学種の関係から，ラジカル化学，光化学とは深い関係をもつことは明らかである．

図 **2.1** 放射線化学の対象

2.2 ラ ジ カ ル

ラジカルはフリーラジカルの略で，日本語では遊離基と称せられる．結合を形成し得る電子，不対電子を一つ以上もつ原子，原子団がラジカルである．たとえば，水分子は H-O-H の二つの水素原子と一つの酸素原子で構成され，水素と酸素の間に化学結合がある．この化学結合は水素原子と酸素原子から電子が供出され，これら二つの電子を共有することで形成される共有結合である．何らかの過程によりこの結合エネルギー以上のエネルギーが水分子に吸収されると，この結合が切断され，結合を形成していた電子は水素と酸素に戻り，水素原子と不対電子をもつ原子団 OH が生ずる．不対電子を保有していることを明示するために，H・，・OH のように，・を付して不対電子を示してラジカルであることを明示する．・を省略して H, OH と表示することも多い．ラジカルは燃焼，爆発，重合，大気化学，活性酸素などの反応では主役を演ずる重要な化学種である．ここではラジカルの生成，反応について簡単にまとめる．

2.2.1 ラジカルの生成法

化合物を高温にすると，**熱分解**によって化学結合が切断されるときにラジカルが生成する．たとえばヨウ素分子，I_2 は室温で二原子分子を形成しているが，700℃以上になると・I が見出され，I_2 と・I の間で平衡が生じる．

$$I_2 \rightleftharpoons 2 \cdot I \tag{2.1}$$

1700℃以上では，この平衡は右側にシフトする．

ジ-*tert*-ブチルペルオキシドは比較的低温で熱分解するので，ラジカル源として利用される．

$$(CH_3)_3CO\text{-}OC(CH_3)_3 \longrightarrow 2(CH_3)_3CO\cdot \tag{2.2}$$
$$\longrightarrow 2 \cdot CH_3 + 2(CH_3)_2CO \tag{2.3}$$

$O-O$ が開裂し，*tert*-ブトキシラジカル（$(CH_3)_3CO\cdot$）が生成する．高温の場合は，さらに分解してメチルラジカル（$\cdot CH_3$）とアセトンとなる．

直鎖飽和炭化水素は $CH_3CH_2CH_2\cdots CH_2CH_3$ の直鎖状の構造をもつが，350℃以上の高温で，炭素と水素の間の結合が切断し，続いて炭素間結合が分離切断され，炭素数の短いオレフィンやアルキルラジカルが生成する．このプロセスを β 開裂とよぶ．石油の改質ではこの反応が重要な役割を果たす．

　分子は通常，紫外光領域に吸収をもち，紫外線を吸収して結合が切断され，ラジカルを形成するものも多い．典型例は過酸化水素(H_2O_2)で，360 nm 以下の光を吸収し，容易に分解し二つの・OH ラジカルをもたらす．

$$H_2O_2 + h\nu \longrightarrow 2 \cdot OH \tag{2.4}$$

この方法は・OH ラジカルの生成法として広く使用されている．また，先に述べたジ-*tert*-ブチルペルオキシドも光吸収により熱分解と同様な分解反応を生じる．このように光吸収により開始する反応は**光反応**とよばれ，大気中の反応の主役を演じ，大気汚染物の生成と挙動を支配している．

　水溶液中に溶解しているイオンなども，紫外光吸収によって電子を解離する反応が引き起こされる．

$$I^- + h\nu \longrightarrow I\cdot + e^-_{aq} \tag{2.5}$$

ここで，e^-_{aq}は水和電子とよばれるもので，水中に存在する電子のことである．これについては5章で述べる．

　酸化や還元の際にラジカルが生まれることも観測されている．酸性水溶液中の過酸化水素は Fe^{2+} を酸化して・OH ラジカルを生み出す．

$$Fe^{2+} + H_2O_2 \longrightarrow Fe^{3+} + OH^- + \cdot OH \tag{2.6}, (1.5)$$

この反応は，Fenton 反応とよばれ，・OH ラジカル生成法として有名である．

　放射線のエネルギーが分子に吸収されると，このエネルギーが結合を切断することから，ラジカルが生まれる．

$$H_2O \longrightarrow\!\!\!\text{\textbackslash\textbackslash\textbackslash}\!\!\!\longrightarrow \cdot H + \cdot OH \tag{2.7}$$

$$CH_4 \longrightarrow\!\!\!\text{\textbackslash\textbackslash\textbackslash}\!\!\!\longrightarrow \cdot H + \cdot CH_3 \tag{2.8}$$

2.2.2　ラジカルの反応

　ラジカルは不安定で**開裂**したり，より安定な構造に**転移**したりすることもある．

$$CH_3CH_2CH_2\dot{C}H_2 \longrightarrow CH_3CH_2CH{=}CH_2 + \cdot H \tag{2.9}$$

$$\longrightarrow CH_2{=}CH_2 + \dot{C}_2H_5 \tag{2.10}$$

$$(C_6H_5)_3C\dot{C}H_2 \longrightarrow (C_6H_5)_2\dot{C}\text{-}CH_2(C_6H_5) \tag{2.11}$$

ラジカルは二重結合に付加して新たなラジカルに変換する．

$$\cdot OH + H_2C{=}CH_2 \longrightarrow HOCH_2\text{-}CH_2\cdot \tag{2.12}$$

周りにエチレン分子があれば，ラジカルはさらに周囲のエチレン分子と反応し，

$$\text{HOCH}_2\text{-CH}_2\cdot + \text{H}_2\text{C}=\text{CH}_2 \longrightarrow \text{HOCH}_2\text{-CH}_2\text{-CH}_2\text{-CH}_2\cdot \tag{2.13}$$

さらに炭素の鎖が伸びる．この反応が次々と連鎖的に繰り返され，炭素鎖の長い，巨大な分子に成長する．これは**重合反応**とよばれる．

ベンゼン環にも付加し，シクロヘキサジエニルラジカルを生む．

$$\cdot\text{H} + \text{C}_6\text{H}_6 \longrightarrow \qquad\qquad \tag{2.14}$$

・OH，・H ラジカルは有機化合物の水素原子を引き抜いて，各々水分子，水素分子になるとともに，有機物のラジカルが生成する．

$$\cdot\text{OH} + \text{CH}_3\text{OH} \longrightarrow \cdot\text{CH}_2\text{OH} + \text{H}_2\text{O} \tag{2.15}$$

$$\cdot\text{H} + \text{CH}_3\text{OH} \longrightarrow \cdot\text{CH}_2\text{OH} + \text{H}_2 \tag{2.16}$$

この反応により，水溶液中の放射線分解で生成する・OH ラジカルが，溶けている有機物を攻撃することになり，最終的には有機物を分解することになる．これは放射線による**水の浄化**の原理である．生体が放射線で損傷を受ける初期の過程も同様である．生体の約 70% は水であり，放射線を受けると生体中の水分解で生じた・OH ラジカルが DNA の生体高分子を攻撃するのである．この過程を間接効果とよぶ．DNA に直接放射線が作用する過程は直接効果とよんで区別している．

ラジカルは不対電子をもつため，ラジカル間で反応する．

$$\cdot\text{OH} + \cdot\text{OH} \longrightarrow \text{H}_2\text{O}_2 \tag{2.17}$$

水の放射線分解で生成する過酸化水素は・OH どうしの再結合で生まれていると説明できる．もちろん，・H と・OH が反応すれば水分子を再生する．

$$\cdot\text{H} + \cdot\text{OH} \longrightarrow \text{H}_2\text{O} \tag{2.18}$$

メタノールからのラジカルどうしが反応して結合をつくればエチレングリコールになる．一方，H 原子が移動すればアルコール分子を再生すると同時にホルムアルデヒドを生み，異なる 2 分子に変換するため，**不均化反応**とよばれる．水溶液中では，この再結合と不均化反応の割合はほぼ 1：1 である．

$$\cdot\text{CH}_2\text{OH} + \cdot\text{CH}_2\text{OH} \longrightarrow \text{HOH}_2\text{C-CH}_2\text{OH} \tag{2.19}, (5.30)$$

エチレングリコール

$$\longrightarrow \text{CH}_3\text{OH} + \text{CH}_2\text{O} \tag{2.20}, (5.31)$$

メタノール と ホルムアルデヒド

2.2.3　酸素の反応：酸化反応，活性酸素

　酸素分子(O_2)は実はラジカルの仲間である．酸素分子には不対電子が二つあり，ビラジカルの一つで，ラジカルと酸素分子は反応する場合が多い．

$$\cdot CH_2OH + \cdot O_2 \cdot \longrightarrow \cdot O\text{-}O\text{-}CH_2OH \tag{2.21}$$

生成する・$O\text{-}O\text{-}R$ タイプのラジカルは**ペルオキシラジカル**とよばれ，酸素を取り込み，後続する反応でペルオキシド，アルコール，ケトンなどの含酸素化合物を形成する．したがって，酸化分解にはこの反応が関わっていることが多い．

　脂質の酸化については連鎖反応で進むと考えられている．図 2.2 に示すように，LH を脂質分子とすると，

$$LH + \cdot OH \longrightarrow L\cdot + H_2O \tag{2.22}$$

$$L\cdot + O_2 \longrightarrow LO_2\cdot \tag{2.23}$$

$$LO_2\cdot + LH \longrightarrow LOOH + L\cdot \tag{2.24}$$

反応(2.22)が開始反応で，反応(2.23), (2.24) の伝搬反応で，連鎖反応を形成する．

$$LO_2\cdot + LO_2\cdot \longrightarrow LOOH, LOOL, LOH, L=O \tag{2.25}$$

この反応により，ラジカル連鎖は停止する．

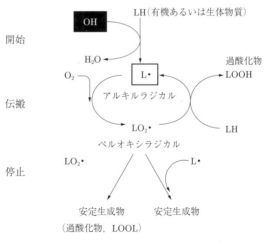

図 **2.2**　脂質の連鎖的酸化反応

体内の代謝で形成される・OH, $O_2{}^{\cdot-}$, H_2O_2, $^1O_2$のような含酸素のラジカルは**活性酸素**(reactive oxygen species, ROS)とよばれ，① DNA の損傷，② 不飽和脂肪酸の酸化，③ タンパク質中のアミノ酸の酸化，④ 酵素の酸化不活性化，⑤ 老化，アルツハイマー病，がん，などに関わっていると考えられている．体内に存在するスーパーオキシドジスムターゼ，カタラーゼは，$O_2{}^{\cdot-}$, H_2O_2などを，各々H_2O_2と水に転換し，活性酸素を抑制する．したがって，ラジカルは生体内の反応にも深い関係をもつ．

2.3 中間活性種の検出

放射線と物質との相互作用で，イオン化・励起が生じ，イオン，励起状態，ラジカルが生ずる．これらを観測するいくつかの手法について述べる．

2.3.1 ガスと質量分析

イオンの磁場中の運動を利用して，イオンの質量を分析する質量分析計により，ガス中で放射線が誘起するイオンの同定と挙動について知ることができる．質量分析計は，通常，高真空状態下で，ガス分子を低エネルギーの電子線衝撃によりイオン化する．高真空中でのイオン化挙動の観測により，通常のガス状態で生ずるイオン化挙動を検討できる．イオン強度の質量分布が質量スペクトルで，通常，数 10 eV の電子による衝撃で，親イオンを含む複数のピークから成る質量スペクトルが得られる．これらはイオン化レベルよりも大きい電子の衝撃によりイオンが開裂するためで，フラグメンテーションのスペクトルとよぶ．質量スペクトルは電子のエネルギーに依存する．電子のエネルギーが十分低いとガス分子をイオン化できないのでイオンは観測できない．エネルギーを増加させ，イオン化レベルを超えて初めてピークが観測され，ピークが観測される電子のエネルギーを**出現電圧**とよぶ．ガス分子の質量を維持した最低エネルギーのイオンの出現電位がイオン化ポテンシャルに相当する．

親分子 XY より生成する正イオン X^+の出現電位 $AP(X^+)$は，X^+および中性の断片 Y が基底状態にあり，両者が運動エネルギーをもたないときは，

$$AP(X^+) = \Delta H_f(X^+) + \Delta H_f(Y\cdot) - \Delta H_f(XY) \qquad (2.26)$$

で与えられる．ΔH_fは生成エンタルピーである．

また，出現電圧に対しては次の関係がある.

$$AP(\text{X}^+) = IP(\text{X·}) + D(\text{X-Y}) \tag{2.27}$$

$IP(\text{X·})$ はラジカル X·のイオン化ポテンシャル，$D(\text{X-Y})$ は分子 XY の解離エネルギーである．出現電圧の測定から，イオンのエンタルピーや解離エネルギーなどの熱力学諸量が算出できる.

　イオンと分子間の反応，すなわちイオン分子反応の速度定数を質量分析計で決定できる．具体的には反応容器の圧力の変化に対応する各イオンの電流を測定し算出する．表 2.1 に代表的な反応を掲げておく[1]．代表的な反応速度定数は 10^{-9} $\text{cm}^3\,\text{molecule}^{-1}\,\text{s}^{-1}$ である．これは以下のような変形で，$\text{L}\,\text{mol}^{-1}\,\text{s}^{-1}$ の単位に変換できる.

表 2.1　いくつかのイオン分子反応の種類とその反応速度定数[1]

	反応速度定数 $(10^{-9}\,\text{cm}^3\,\text{molecule}^{-1}\,\text{s}^{-1})$
低エネルギーイオンによる原子の引き抜き	
$\text{H}_2\text{O}^+ + \text{H}_2\text{O} \longrightarrow \text{H}_3\text{O}^+ + \text{·OH}$	1.26
$\text{CH}_4^+ + \text{CH}_4 \longrightarrow \text{CH}_5^+ + \text{·CH}_3$	1.11
$\text{Ar}^+ + \text{H}_2 \longrightarrow \text{ArH}^+ + \text{·H}$	1.56〜1.89
$\text{Kr}^+ + \text{H}_2 \longrightarrow \text{KrH}^+ + \text{·H}$	0.50
$\text{CH}_3\text{OH}^+ + \text{CH}_3\text{OH} \longrightarrow \text{CH}_3\text{OH}_2^+ + \text{CH}_3\text{O}$	1.10
$\text{CH}_3\text{OH}^+ + \text{CH}_3\text{OH} \longrightarrow \text{CH}_3\text{OH}_2^+ + \text{·CH}_2\text{OH}$	1.35
低エネルギーイオンによるラジカルの引き抜き	
$\text{Ar}^+ + \text{CH}_4 \longrightarrow \text{ArCH}_3^+ + \text{H}$	0.0003
$\text{Ar}^+ + \text{CH}_4 \longrightarrow \text{ArCH}_2^+ + \text{H}_2$	0.0008
$\text{CH}_3^+ + \text{CH}_4 \longrightarrow \text{C}_2\text{H}_5^+ + \text{H}_2$	0.84
低エネルギーイオンによる電荷交換によって誘起された解離反応	
$\text{Ar}^+ + \text{CH}_4 \longrightarrow \text{Ar} + \text{CH}_3^+ + \text{H}$	0.91〜1.6
$\text{Ar}^+ + \text{CH}_4 \longrightarrow \text{Ar} + \text{CH}_2^+ + \text{H}_2$	0.23〜0.3
低エネルギーイオンによる付加反応	
$\text{C}_2\text{H}_4^+ + \text{C}_2\text{H}_4 \longrightarrow \text{C}_4\text{H}_8^+$	0.51
$\text{C}_2\text{H}_2^+ + \text{C}_2\text{H}_4 \longrightarrow \text{C}_4\text{H}_6^+$	0.40
衝突により誘起された高エネルギーイオンの解離反応	
$\text{CO}^+ + \text{Ar} \longrightarrow \text{C}^+ + \text{O} + \text{Ar}$	0.04
$\text{CO}^+ + \text{Ar} \longrightarrow \text{C} + \text{O}^+ + \text{Ar}$	0.009
$\text{CO}^+ + \text{CO} \longrightarrow \text{C}^+ + \text{O} + \text{CO}$	0.02〜0.1
$\text{CO}^+ + \text{CO} \longrightarrow \text{C} + \text{O}^+ + \text{CO}$	0.002〜0.01

$$k = 10^{-9} \, \text{cm}^3 \, \text{molecule}^{-1} \, \text{s}^{-1}$$
$$= 1 \times 10^{-9} \, (1 \, \text{mol}/6 \times 10^{23} \, \text{molecule})^{-1} \, (1 \, \text{L}/1000 \, \text{cm}^3)$$
$$= 6 \times 10^{11} \, \text{L} \, \text{mol}^{-1} \, \text{s}^{-1} \tag{2.28}$$

イオンと中性分子の二分子衝突による化学反応はイオンにより中性分子の強い分極力が作用するために, 中性分子間の化学反応に比べて衝突確率および反応確率とも極めて大きく, 温度による影響も事実上観測されないのが特徴である. 液相中で観測される拡散律速反応 $10^{10} \, \text{L} \, \text{mol}^{-1} \, \text{s}^{-1}$ より 100 倍近くも大きいことは, 分子やイオンの大きさから算出される反応半径に比べて反応断面積が極めて大きいことを示している. 水中の拡散律速反応については 3.2.3 項を参照のこと. さらに, 水中での H_2O^+ のイオン分子反応については 5.1 節で議論する.

2.3.2 励起状態と蛍光測定

芳香族分子の励起状態については蛍光, りん光, さらにはそれらの吸収スペクトルから, その生成と挙動について多くのことが知られている. 芳香族分子の励起状態は光励起により簡単に生成することができ, 蛍光寿命は 10 ns 程度である. シクロヘキサン中のいくつかの芳香族分子の吸収, 励起スペクトル, 蛍光寿命, 発光の量子収率を図 2.3, 表 2.2 にまとめて示す[2]. 寿命の短いもの, 蛍光の量子収率の大きなものの中には, シンチレータ物質として放射線の検出に利用されるものもある.

一方, 飽和炭化水素分子の励起状態は長い間存在しないと思われていたが, 真空紫外光 (<200 nm) での励起による 200 nm 近辺の発光からその存在が確認され, 表 2.3 に示すように蛍光スペクトル, 量子収率, 寿命などの性質が明らかにされている. スペクトルには振動の構造は現れず, 直鎖の場合にはピーク波長は 210 nm 弱, 分岐の場合には 240 nm にも長波長シフトするものもあり, 量子収率は最大で 0.01 程度, 多くは 0.01 以下である. 寿命は数 ns であり, 直鎖のものは炭素鎖が長いほど寿命も伸び, 4 ns まで長くなる[2~4]. 分岐の飽和炭化水素分子では発光は弱い. 芳香族の炭化水素と比べて, ストークスシフトが大きいので励起状態と発光状態の構造変化が大きいことがわかる. シクロヘキサンの発光スペクトルは図 6.7 を参照のこと.

水分子 (水蒸気) の励起状態は形成されると, 直ちに分解すると考えられており, 実験的に励起状態を直接観測することは困難である.

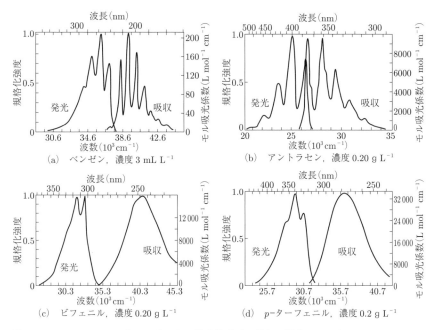

図 **2.3**　シクロヘキサン中のいくつかの芳香族分子の吸収，発光スペクトル
Y. Tabata, Y. Ito, S. Tagawa：*Handbook of Radiation Chemistry* (CRC Press, 1991) pp. 477, 478, 479.

2.3.3　ラジカルと ESR

　ラジカルは不対電子を有する原子，あるいは原子団と定義される．電子は α, β のスピン状態を有し，不対電子は磁場中でゼーマン分裂を起こし，二つの準位に分離し，ラジカル中の核スピンとの相互作用でさらに分離するため，ラジカルの構造を反映したスペクトルを示す．磁場中でのこれら準位間のマイクロ波遷移の測定からラジカルの検出，同定，定量，さらには動力学挙動の解析を行う手法が**電子スピン共鳴**(electron spin resonance, ESR)**法**である．放射線照射で物質中にラジカルが形成されることから，ESR 法はこれまで放射線化学の研究に広く使用されてきた．

　放射線照射により形成されるラジカルは固体中では室温でも比較的長時間安定に存在するので特別の工夫をすることなく測定が可能である．しかし，反応性に

表 2.2 代表的な芳香族化合物のシクロヘキサン溶液中の
蛍光寿命と蛍光の量子収率

化合物	蛍光寿命 (ns)	蛍光 量子収率
ベンゼン	29	0.058
トルエン	34	0.14
p-キシレン	30	0.33
ナフタレン	96	0.19
アントラセン	4.9	0.30
フェノール	2.1	0.066
ビフェニル	16.0	0.15
p-ターフェニル	0.95	0.77
PPO (2,5-ジフェニルオキサゾール)	1.4	0.83

Y. Tabata, Y. Ito, S. Tagawa：*Handbook of Radiation Chemistry* (CRC Press, 1991) pp. 475, 476.

富むものは照射後には消滅してしまうものも少なくない．このような場合は，低温で照射し，生成ラジカルを凍結して測定することにより，その同定，収量評価が可能である．徐々に昇温することでラジカルの反応を追跡することも行われてきた．液体窒素温度，77 K（−196℃）での測定が一般的であるが，対象により液体ヘリウム温度，4 K（−269℃）での測定も実施されてきた．

一方，室温で動き回るラジカルの観測も行われてきた．電子線加速器と ESR 装置を結合し，照射しながらラジカルを観測するもので，各種液体飽和炭化水素中のアルキルラジカルが報告されている．さらに，パルス照射後のラジカルの ESR 信号の消滅挙動を追跡するパルスラジオリシスの手法も適用されているが，高価な加速器，時間分解能をもたせるための装置の開発などが必要で，世界でも報告は多くない．パルスラジオリシスについては次章に述べる．

2.3.4 低温凍結法

通常，放射線照射で形成される中間体は反応性に富み，すばやく反応し，短寿命であることから特別の工夫で長寿命にする．その一つの方法が低温で**剛体マト**

表 2.3 各種飽和炭化水素の吸収，発光スペクトルと発光特性

化合物	発光ピーク λ_f(nm)	発光バンド幅 σ_f(10^3 cm^{-1})	量子収率 165 nm 励起 $\phi(165)/10^{-3}$	量子収率 147 nm 励起 $\phi(147)/10^{-3}$	吸収の稜野 λ_a(nm)	ストークスシフト Δ(10^3 cm^{-1})	蛍光寿命[3,4] (ns)
n-ヘキサン	206	8.2	0.4_9	0.1_4	170.7	10.0	0.7 ± 0.1
n-ヘプタン	206	7.9	1.3	0.5_7	171.5	9.8	1.2 ± 0.1
n-オクタン	207	7.7	2.1	0.9	171.8	9.9	1.6 ± 0.1
n-ノナン	207	7.7	2.7	1.3	173.0	9.5	2.3 ± 0.1
n-デカン	207	7.7	3.5	1.7	172.8	9.6	2.4 ± 0.1
n-ウンデカン	207	7.6	4.2	2.3	173.3	9.4	3.8 ± 0.2
n-ドデカン	207	7.6	4.6	2.7	173.8	9.2	4.0 ± 0.2
n-トリデカン	207	7.6	5.6	2.9	174.0	9.2	4.2 ± 0.2
n-テトラデカン	207	7.6	5.6	3.2	174.0	9.2	4.4 ± 0.2
n-ペンタデカン	208	7.6	6.1	3.3	175.0	9.1	4.3 ± 0.2
シクロヘキサン	201	7.7	7.3	2.9	177.2	6.7	1.2 ± 0.1
メチルシクロヘキサン	213	8.9	9.3_9	4.6	179.6	8.7	1.2 ± 0.1
ビシクロヘキシル	226	8.5	$16._7$	—	—	—	1.9 ± 0.1
cis, trans-デカリン混合体	224	8.5	18.3	—	—	—	2.3 ± 0.1

波数(cm^{-1})は 1 cm を光の波長で割ったもの.
表中のパラメータは次ページに示す.
Y. Tabata, Y. Ito, S. Tagawa : *Handbook of Radiation Chemistry* (CRC Press, 1991) pp. 482, 484, 485, 488.

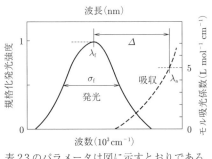

波長(nm)

規格化発光強度

モル吸光係数(L mol⁻¹ cm⁻¹)

λ_f

σ_f

発光

Δ

吸収

λ_a

波数(10^3 cm⁻¹)

表 2.3 のパラメータは図に示すとおりである．

表 2.3　つづき

リックス中に埋め込んで凍結することである．3-メチルペンタン(3MP)，2-メチルテトラヒドロフラン(MTHF)などの溶媒は急冷することで透明なガラス状態を形成することができる．溶質を含むこれら溶媒を放射線照射して生成する中間体を分光測定することが行われ，正イオン，負イオン，溶媒和電子などが観測されてきた．

　液体窒素を用いて凍結し放射線照射すると，溶媒がイオン化され，溶媒の正イオン(正孔)，電子が生まれ，これらは凍結状態で一定時間安定に存在する．この系に少量の溶質が存在する場合，溶媒の正イオンから溶質分子に電荷が移動し，溶質の正イオンが形成される．また，電子が溶質分子に捕捉され，溶質の負イオンが形成されることがある．紫外，可視，赤外領域の吸収スペクトルを測定することにより，これらイオンの吸収スペクトルを観測できる．具体的な剛体マトリックス実験用のセルを図 2.4 に示す．光学測定用の石英セルを液体窒素の中に入れ，これを分光器にセットしてスペクトル測定を行う．場合によっては，液体ヘリウム(4 K)や温度可変の装置を用いて，さらに低温，あるいは温度を変化させて測定するなどの工夫がされてきた[5]．

　溶質分子由来のイオンを選択的に生成するために，マトリックスが工夫されてきた．3MP などの炭化水素剛体中では溶質の正イオンと負イオン，溶媒和電子を形成することが可能である．アルコール，エーテル，アミン類をマトリックスに選択すると，溶媒(マトリックス)の正イオンはマトリックスに捕捉されるが，電子は溶媒和電子，あるいは溶質と反応して負イオンに変換されたりする．このマトリックスは溶媒和電子や負イオンの観測に適している．正イオンを選択的に測定するために，四塩化炭素などのハロゲン化アルキル類がマトリックスとして

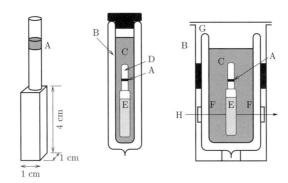

(a) 光学セル　　(b) 照射用デュワー瓶　　(c) 分光用デュワー瓶

A：石英-パイレックス段継，B：デュワー瓶，
C：液体窒素，D：石英セル，E：試料，F：石英窓，
G：収納ケース，H：測定光

図 **2.4** 　剛体マトリックス用セル

近藤正春，篠崎善治：『放射線化学』（コロナ社，1980）p. 165.

表 **2.4** 　代表的な剛体マトリックス

マトリックス	マトリックス中に捕捉される中間活性種
パラフィン類 　3MP，3-メチルヘキサン，メチルシクロヘキサン	溶質の正イオン（正孔），負イオン，溶媒和電子
アルコール，エーテル，アミン類 　メタノール（+5% 水），エタノール，1-プロパノール， 　2-プロパノール，1-ブタノール，エチレングルコール 　（+50% 水），トリエチルアミン	溶質の負イオン，溶媒和電子
ハロゲン化アルキル類 　四塩化炭素，塩化-s-ブチル，フレオン	溶質の正イオン（正孔）

近藤正春，篠崎善治：『放射線化学』（コロナ社，1980）p. 163.

選択される．この系中では電子はマトリックスに捕捉されるが，溶媒の正孔はマトリックス中を電荷移動して溶質に捕捉され，溶質の正イオンとなる．マトリックスの種類とマトリックス中で測定される化学種を表 2.4 にまとめる[5]．具体例として図 2.5 にビフェニル正負イオンの各種マトリックス中でのスペクトルを示す[6, 7]．3MP 中では照射により正イオンと負イオン，溶媒和電子が生成するが，

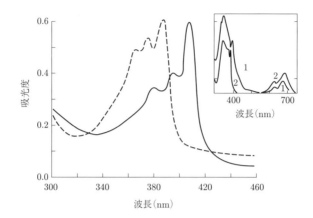

図 2.5　ビフェニル(ϕ_2)の各種マトリックス中での$\phi_2{}^-$(実線)と$\phi_2{}^+$(破線)のスペクトル
$\phi_2{}^-$：20% 2MP-1, 80% 3MP 中，0.01% ϕ_2, 4.6×10^{18} eV mL^{-1}, $\phi_2{}^+$：3MP+1%
iso-プロピルクロリド中，0.01% ϕ_2：ビフェニル 9.2×10^{18} eV mL^{-1}，挿入図：
CCl$_4$中，1：77 K 照射後，1.8×10^{18} eV mL^{-1},2：140 K に昇温後

J. B. Gallivan and W. H. Hamill: J. Chem. Phys. **44** (1966) 2378；T. Shida and W. H. Hamill: J. Chem. Phys. **44** (1966) 2375.

iso-プロピルクロリドにより溶媒和電子が捕捉され，正イオンがビフェニルに捕捉されると$\phi_2{}^+$を形成し，破線のスペクトルを与える．2MP-1(2-メチル 1-ペンテン)により正イオンが捕捉され，溶媒和電子がビフェニルに捕捉されると$\phi_2{}^-$が形成し，実線のスペクトルを与える．挿入図はビフェニルを含む CCl$_4$中 77 K での照射により，溶媒和電子は CCl$_4$に捕捉され(後述，式(2.32))，正イオンがビフェニルに捕捉されるため，1 で示す$\phi_2{}^+$が形成される．140 K に昇温するとマトリックスが緩和して 2 で示す鋭いスペクトルに変化する．

　媒質中に**供与体**(donor, D)と**受容体**(acceptor, A)が存在する場合，正孔の電荷移動は図 2.6(a)で検討できる．大きなイオン化ポテンシャルの分子から小さなイオン化ポテンシャルを有する分子への電荷移動が生ずる．正確には，イオン化ポテンシャルに比して溶媒和のエネルギーは小さいものの，イオンの溶媒和エネルギーも考慮すべきである．図のように，IP'_Dの大きなラジカルカチオンは不安定で，よりIP'_Aの小さい A に正孔が発熱的に移動する．すなわち，

$$D^{+\cdot} + A \longrightarrow D + A^{+\cdot} \tag{2.29}$$

この反応が生じるためには$IP'_D > IP'_A$である必要がある．

　パラフィンのイオン化ポテンシャルは芳香族の溶質のそれよりも大きいことか

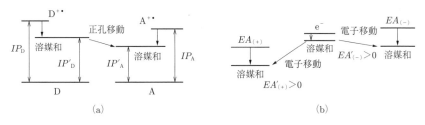

図 2.6 (a)ラジカルカチオンの正孔移動過程と, (b)電子付着過程

ら, パラフィンマトリックス中の芳香族の溶質は $IP'_D > IP'_A$ を満たすので, 照射
により溶質のラジカルカチオンが生じる. MTHF やアルコール(RHOH)のマト
リックスでは, 放射線分解で生成した各々の正イオンは下に示すようなイオン分
子反応を優先的に起こすため, 溶質への電荷移動は生じにくい.

$$\text{MTHF}^{+\cdot} + \text{MTHF} \longrightarrow \text{MTH}_2\text{F}^+ + \text{MTF}\cdot \tag{2.30}$$

$$\text{RHOH}^{+\cdot} + \text{RHOH} \longrightarrow \text{RH}_2\text{OH}^+ + \cdot\text{ROH} \tag{2.31}$$

四塩化炭素のようなハロゲン系マトリックスでは多くの溶質が $IP'_D > IP'_A$ を満た
すので溶質のラジカルカチオンが容易に生成する. 同時に, 以下の反応で電子は
解離的電子捕捉反応によりハロゲン化イオンとなるため電子と溶質との反応は抑
制される.

$$\text{CCl}_4 + \text{e}^- \longrightarrow \cdot\text{CCl}_3 + \text{Cl}^- \tag{2.32}$$

溶質への電子の付着過程は, 図 2.6(b)で示すように, 電子親和力 EA により
評価され, EA が大きい場合に生ずるが, EA の値そのものは大きくないため,
溶媒和を含めた実質的な電子親和力 EA' に大きく依存する.

3　中間活性種の観測と挙動

　放射線が生成するラジカルやイオンなどの活性種は反応性が高く，寿命が短い．しかし，これらの化学種は反応の初期過程で重要な役割を果たすので，そのダイナミックな挙動を直接観測することは反応の理解に不可欠である．このような要求にもとづき開発された手法が，パルスラジオリシス（パルス放射線分解）法である．本章ではパルスラジオリシスの原理，観測される化学種の動力学を中心に述べる．

3.1　パルスラジオリシス

3.1.1　パルスラジオリシス

　パルス状の放射線を試料に照射し，試料中に生成された化学種を対象とした時間分解能を有する分光学的手法である．1940 年代後半に Norrish（ノリッシュ）とPorter（ポーター）は閃光により化学反応を開始させ，生成化学種の時間挙動を測定する手法，フラッシュフォトリシス（パルス閃光分解）法を開発し，この手法が短寿命化学種の観測に有用であることを示した．1960 年代初頭からパルス放射線源と時間分解能を有する光吸収測定装置とを組み合わせてパルスラジオリシスの開発が行われ，利用され始めた．1962 年に水溶液中の水和電子が直接観測され，その反応性が測定された．これによりパルスラジオリシスの有用性が確認され，大学や研究所で多くの装置が設置され，利用されるようになった．パルスラジオリシスは pulse radiolysis と記される．ここで語尾の lysis は分解を示すことから，パルス放射線分解とよばれることも多い．lysis はそのほかにも広く用いられる photolysis（光分解），electrolysis（電気分解），pyrolysis（熱分解）などがその例である．

　パルスラジオリシス法の原理はレーザー光を用いての光反応研究で用いられるレーザーフォトリシス法とまったく同じである．すでに述べたように，この手法は Norrish と Porter によりフラッシュフォトリシスの考案により確立した．Porter は英国の化学者で第二次世界大戦中は，軍でレーダー開発に携わってお

り，電気技術に長じていた．大戦後，母校の Cambridge 大学にて，反応を開始するための 10 μs のパルス光を発生させ，生成した化学種を，これと同期したパルス分析光を用いて写真乾板上に記録する手法をつくり上げた．この手法は短寿命活性種を直接観察する道を開き，その成果が認められ 1967 年のノーベル化学賞に輝いた．この手法はパルス光で反応を開始，パルス状分析光で測定することから**ポンプ・プローブ法**とよばれる．この手法が開発された当時は時間分解能が 10 μs 程度であったが，研究者のより速い反応を研究したいとの願望とその後の技術開発とあいまって，ns，ps と高時間分解能化が進められ，現在ではレーザーを用いて数 fs 以下の高時間分析能での測定も可能となった．1999 年のノーベル化学賞を受賞した Zewail（ズウェイル）は，fs レーザーのポンプ・プローブ法を駆使し新たな分光学的手法を開発したことで有名である．これらはフラッシュフォトリシスやパルスラジオリシス法の延長上に位置しているとみなせる．

　パルスラジオリシスの概略を図 3.1 に示す．システムはパルス放射線源であるマイクロ秒からナノ秒のパルス幅で数 MeV 以上のエネルギーをもつ高エネルギー電子を発生できる電子線加速器と，時間分解能を有する吸収測定装置で構成される．光源からの定常光，あるいは放射線パルスと同期したパルス光源からの光を分光器で所定の波長を選択し，試料に透過して分析光とする．試料透過後に分光することもできる．放射線パルスが試料に照射されると試料中に短寿命化学種が生成され，選択した波長で吸収をもてば，観測波長の光強度は吸収により減少する．Lambert-Beer（ランバート・ベール）則によれば，入射光と透過光の強度を各々 I_0 と I とし，生成した化学種の濃度を c（mol L^{-1}），モル吸光係数を ε（L mol^{-1} cm^{-1}），光路長を l（cm）とすると（図 3.2），以下の関係式が成り立つ．

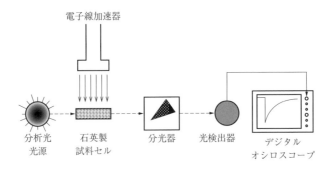

電子線加速器

分析光　　石英製　　　分光器　　　光検出器　　　デジタル
光源　　　試料セル　　　　　　　　　　　　　　オシロスコープ

図 **3.1**　パルスラジオリシスの構成

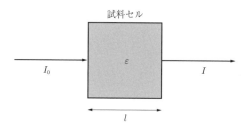

図 3.2　スペクトル測定
I_0 と I は入射光と透過光の光強度，ε (L mol^{-1} cm^{-1})
はモル吸光係数，l (cm) は光路長を示す.

$$I = I_0 10^{-\varepsilon cl} \tag{3.1}$$

これから，両辺の常用対数をとることで εcl を算出でき，これを吸光度とよぶ.
このうち，ε と l は定数である.

$$\log\left(\frac{I_0}{I}\right) = \varepsilon cl = \text{ 吸光度} \tag{3.2}$$

分析光の強度変化の log が生成化学種の濃度に対応している. したがって，吸光度の変化から化学種濃度の変化を知ることができる. 光強度変化はデジタルオシロスコープで記録し，コンピュータに転送してただちに吸光度に変換する. この手法は**動力学法**とよばれている. 通常のパルスラジオリシスでは波長を固定して時間挙動を取得する. 順次，波長を変えて波長とそれぞれの時間依存データのセットを得ることになる. これとは逆に，パルス照射後の一定の時間での波長データを一気に記録するアプローチもある. 試料を透過した白色光を，光検出素子を並べた検出器を出射部に設置した分光器に入射し，各波長の分光データを一度に取得すれば，所定の時間での波長スペクトルが得られる. この操作を，時間をずらして繰り返し行うことにより，時間挙動のデータを取得することができる.

パルスラジオリシスの測定で使用する光学セルの選択には注意を払う必要がある. 一般にガラス材料は照射により着色する. これはイオン化で生じた電子が材料中に捕捉され，いわゆる**カラーセンター**(色中心)が生じるためである. このカラーセンターの強度は強く，長寿命である場合もあるので，パルスラジオリシス実験ではこれを回避する必要がある. 高純度の石英は紫外，可視，赤外領域での放射線誘起の吸収信号は小さいことが知られており，特別に合成された高純度石英が光学セルとして使用される. ただし，高純度石英でもパルス照射により微弱

な吸収信号が紫外，可視領域では観測されるので，弱い吸収を観測対象にするような場合は石英セルから発生する吸収を差し引いて解析する必要がある．水溶液中の OH ラジカルの収量や挙動解析では，この石英セルからの信号の差し引きが必要となる．

3.1.2　ポンプ・プローブ法

　ある時間領域での観測が可能になり，知見が蓄積されてくると，科学者はさらに速い時間領域で起こる現象を知りたくなり，より高時間分解での測定を目指すようになる．前項で述べた動力学法では，その時間分解能は，放射線のパルス幅，光検出器の時間分解能，さらにその信号を記録するオシロスコープの時間分解能などで決まる．現在の技術では ns 時間の測定は比較的容易に可能であるが，ps の時間測定には特別な工夫が必要である．このような高時間分解能は電子線パルスと分析光の超短パルス化を実現することにより可能となる．

　この方法では放射線パルスを試料に照射して，活性種を生成し，この活性種の光吸収を短い時間幅の分析光で測定する．分析光強度は生成した活性種による吸収によって強度が減少する．この減少分を当初の分析光強度を基準にして吸光度に変換する．この方法で放射線パルス照射後のある時間のデータを得ることができる．順次時間をずらすことにより活性種の時間挙動全体を把握する．放射線パルスをポンプパルス，分析光をプローブとみなせば，この手法は，光化学分野で活用されている短パルスレーザーを用いるポンプ・プローブ法と同じ原理なので，やはりポンプ・プローブ法とよばれている．その原理を図 3.3 に示す．

　現在，ps 放射線パルスの発生には電子線ライナック装置を用い，fs レーザーによりレーザーフォトカソードを照射し光電子を発生させ，これを加速することで ps 放射線パルスを得ている．同時にこの fs レーザーから白色光を生成して分析光に使用する．同じ fs レーザーから電子線パルス，分析光を発生させるので時間のずれを抑え，高時間分解能が達成できる．そのシステムの一例を図 3.4 に示す．

　高時間分解能測定の際の時間分解能を決定する因子について考える．高エネルギー電子は試料中をほぼ真空中の光の速度で通過し，エネルギー付与を引き起こす．それに対し，分析光は真空中の光の速度を，媒質中のその波長の屈折率で除した速度で試料中を通り抜ける．水を入れた 1 cm の光路長をもつ試料セルを用

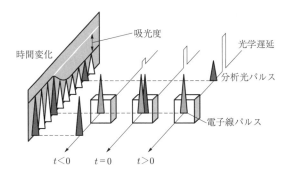

図 3.3 ポンプ・プローブ法の原理
電子線パルスがセルを照射する前($t<0$)は吸収が
ないが，照射($t=0$)から吸収が生成し，照射後
($t>0$)は吸収を含む．電子線パルスと分析光のタ
イミングを変化させて，ダイナミックな変化を
測定する．

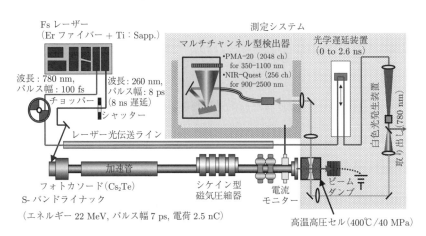

図 3.4 典型的なポンプ・プローブパルスラジオリシスシステム
（東京大学工学系研究科原子力専攻）

いる場合，放射線パルスと分析光パルスの試料中での速度が異なることから，同時にセルに入っても電子は分析光より速くセルを通過し，10 ps の時間差が生ずる．したがって，セル長が時間分解能を決定することになり，高時間分解能を達成するためにはセル長を短くする必要があるが，信号強度はセル長に比例するので，セル長の選択は時間分解能と信号強度を考慮して決定する必要がある．

3.2 反 応 動 力 学

3.2.1 一 次 反 応

ある化学種 A が時間とともに B に変化するとき，A の変化の速度は A の濃度に比例するので，以下の関係が成立する．

$$\frac{d[\mathrm{A}]}{dt} = -k[\mathrm{A}] \tag{3.3}$$

その消滅の速度を示す比例係数を k で表し，反応速度定数とよぶ．右辺にマイナスがついているのは，反応で，[A]が減少することを表現するためである．式(3.3)は簡単に解けて，

$$[\mathrm{A}(t)] = A_0 \exp(-kt) \tag{3.4}$$

となる．これは A の濃度が指数関数的に減少することを意味し，$[\mathrm{A}(t)]$の片対数プロットは直線を与える．k は反応速度定数で s^{-1} の次元をもち，減衰係数ともよばれる．指数関数中の kt が 1 のとき，$t = 1/k$ は時間の次元をもち，$1/k$ は，初期値の e^{-1}，すなわち 37% に減少する時間スケールを示していることになる．この時間を A の寿命あるいは平均寿命とよぶ．

一方，生成する B は，$t = 0$ のとき $[\mathrm{B}(0)] = 0$ とすれば，

$$[\mathrm{B}(t)] = [\mathrm{A}_0][1 - \exp(-kt)] \tag{3.5}$$

となり，十分時間が経過すれば，A はすべて B に変換されることになる．

直接には放射線化学と関係がないが，この方程式に従う現象の一つが，放射性核種の崩壊である．その崩壊のしやすさは半減期 $T_{1/2}$ で表される．上式の k にあたる減衰係数は $0.693/T_{1/2}$ となるので，

$$d[\mathrm{A}]/dt = -\left(\frac{0.693}{T_{1/2}}\right)[\mathrm{A}] \tag{3.6}$$

となり

$$[A(t)] = [A_0] \exp\left[-\left(\frac{0.693}{T_{1/2}}\right)t\right] \tag{3.7}$$

半減期が長いほど減衰はゆっくりしていることがわかるであろう.

3.2.2　二 次 反 応

A ラジカルが生成し，それらが相互に反応して結合する，再結合反応について述べる.

$$A + A \longrightarrow A-A \tag{3.8}$$

このとき，A の濃度の時間変化は次の微分方程式で記述できる.

$$\frac{d[A]}{dt} = -2k\,[A]^2 \tag{3.9}$$

A ラジカルどうしで反応するので，反応する速度は[A]の 2 乗に比例する. ここでは，反応 1 回で 2 個の A ラジカルが消滅するので，反応速度定数には 2 の係数が付いている. [A]は濃度であり，モル濃度 M で示せば，左辺は $M(\mathrm{s}^{-1})$ 右辺は $k\,(M)^2$ であるので，両辺が等価であるためには k の次元は $\mathrm{L\,mol}^{-1}\,\mathrm{s}^{-1}$ となる.

さて，上の微分方程式は，

$$\frac{\left(\dfrac{d[A]}{dt}\right)}{([A]^2)} = -2k \tag{3.10}$$

であり，[A]の時間変化を[A(t)]として，これを解けば，

$$-\frac{1}{[A(t)]} = -2kt + C \tag{3.11}$$

である. ここで，時刻 $t=0$ で[A(t)]を[A$_0$]とすると，$C=-1/[A_0]$ であるから，

$$\frac{1}{[A(t)]} = 2kt + \frac{1}{[A_0]} \tag{3.12}$$

これより時間に対して濃度の逆数をプロットすると直線を示し，切片が $1/[A_0]$，傾きが $2k$ を示すことになる. 図 3.5 に室温から高温測定した $CO_2^{\cdot-}$ の減衰の時間挙動とその逆数プロットを示す[1]. パルスラジオリシス法の測定は吸光度の測定であることから，

$$\frac{1}{abs} = \frac{2kt}{\varepsilon l} + \frac{1}{abs_0} \tag{3.13}$$

となり，ε, l の値が既知であれば，実験から k が決定できる.

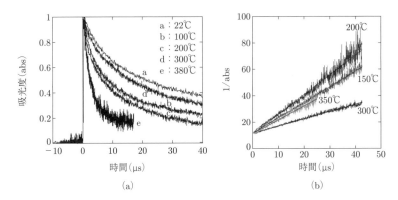

図 3.5 (a) 室温から高温水中の $CO_2^{\cdot-}$ の時間挙動の測定例と，
(b) その逆数プロット
M. Lin, *et al.*: Radiat. Phys. Chem. **77** (2008) 1208

3.2.3 擬 一 次 反 応

A ラジカルが，系内に存在する B という溶質([A]<<[B])と反応し，P を生成するとき，以下のような反応式で示される．

$$A + B \longrightarrow P \tag{3.14}$$

この反応の速度は A の濃度に比例するし，B の濃度にも比例するであろう．したがって，A の濃度の時間変化は次の微分方程式で記述できる．

$$\frac{d[A]}{dt} = -k[A][B] \tag{3.15}$$

右辺はマイナスが付くので，A の消滅を示し，比例係数として k がある．この反応では 1 回の反応で A ラジカルが 1 個のみ消滅するので，係数を 2 倍する必要はない．また，この場合も二次反応と同様に k は同じ次元の $L\,mol^{-1}\,s^{-1}$ をもつことが確認できる．

さて，通常の実験条件下では[A]<<[B]を満たすことが多く，この場合は[B]の変化を無視でき，反応中 [B]は一定とみなすことができる．これを変形すれば，

$$\frac{\left(\dfrac{d[A]}{dt}\right)}{[A]} = -k[B] \tag{3.16}$$

であるから，これを解くと

$$\ln([A(t)]) = -k[B]t + C \tag{3.17}$$

となる．これを変形して

$$[A(t)] = \exp(C)\exp(-k[B]t) = C'\exp(-k[B]t) \tag{3.18}$$

時刻 $t=0$ で $[A(t)]$ を $[A_0]$ とすると，$C'=[A_0]$ であるから，

$$[A(t)] = [A_0]\exp(-k[B]t) \tag{3.19}$$

である．濃度を $\ln$ プロットすると傾き $k[B]$ の直線となる．また，この式は $k[B]$ を k とみなせば，式(3.3)と等価となることから，**擬一次反応**とよばれる．

　一例として図3.6に水和電子(e_{aq}^-)と CCA(クマリン-3-カルボン酸)の反応速度定数の決定手順を示す．減衰速度の CCA 濃度依存性をプロットすると，そのスロープから反応速度定数が算出できる．

　反応は，① 化学種が拡散して出合い，さらに，② その衝突で反応する，二つの過程から成る．衝突するとほぼ100%反応する場合は，その速度は拡散の時間に支配されることから，**拡散律速反応**とよぶ，それに対し，衝突しても効率よく反応せず，何度も衝突して初めて反応するものは**反応律速**の反応とよんで区別する．拡散律速反応は以下の式で表現できることが知られている．

$$k_{diff} = 4\pi(R_A + R_B)(D_A + D_B) \quad (\text{m}^3\,\text{molecule}^{-1}\,\text{s}^{-1}) \tag{3.20}$$

ここで，反応が起こるときの分子 A, B の半径を反応半径とよび，それぞれ R_A (m)，R_B(m)である．また，各々の拡散係数は D_A ($\text{m}^2\,\text{s}^{-1}$), D_B ($\text{m}^2\,\text{s}^{-1}$)である．単位は $\text{m}^3\,\text{molecule}^{-1}\,\text{s}^{-1}$ であり，濃度の単位として $\text{mol}\,\text{dm}^{-3}$ を用いた場合は，Avogadro 数 N_A を用いて

$$k_{diff} = 1000\times(4\pi)(R_A+R_B)(D_A+D_B)N_{av} \quad (\text{dm}^3\,\text{mol}^{-1}\,\text{s}^{-1}) \tag{3.21}$$

となる．ここで，水溶液中の反応を想定すると，拡散定数は $1.0\times10^{-9}\,\text{m}^2\,\text{s}^{-1}$ 程度であり，R_A と R_B を $0.3\,\text{nm}$ とすれば，

$$k_{diff} = 10^3\times4\times3.14\times2\times10^{-9}\times0.6\times10^{-9}\times6.02\times10^{23}$$
$$= 9.1\times10^9\,\text{dm}^3\,\text{mol}^{-1}\,\text{s}^{-1} \tag{3.22}$$

となり，水溶液中の拡散律速反応の速度定数は $1\times10^{10}\,\text{dm}^3\,\text{mol}^{-1}\,\text{s}^{-1}$ 程度の値となる．

　擬一次反応では溶質 B は A ラジカルを捕捉して生成物 P をもたらすことから A の**捕捉剤**とよばれる．捕捉剤濃度[B]の反応の速度は $k[B]$ で表現でき，$k[B]$ を**捕捉能**とよぶ．その反応の代表的な時間スケールは指数の中が -1，すなわち $k[B]t=1$ となり，A の濃度が初期値の $1/e=0.37$ 倍に減少する時間である．$t=$

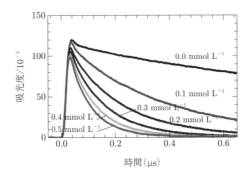

(a) 水和電子の吸光度の時間変化

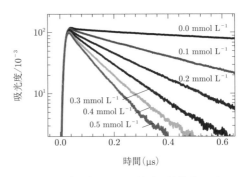

(b) 水和電子の吸光度の対数プロット

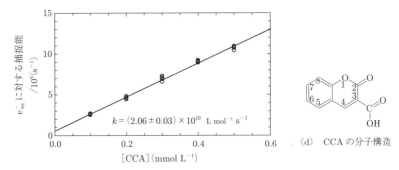

(c) 減衰速度(捕捉能)の CCA 濃度依存性

(d) CCA の分子構造

図 **3.6** 0.0〜0.5 mmol L^{-1} CCA (クマリン-3-カルボン酸) を含む
tert-ブタノール水溶液中での水和電子の挙動測定

$|k[{\rm B}]|^{-1}$ は捕捉能の逆数で，**捕捉時間**と称する．捕捉剤濃度を徐々に増大すると，濃度増加に伴い捕捉時間は短くなる．生成物 P が容易に観測できる化学種であれば，その収量はその時間内で捕捉剤と反応した A ラジカルの量に対応する．したがって，A ラジカルが一次反応や二次反応で消滅する場合，捕捉剤濃度を変化させ生成物 P の収量を観測することにより，A ラジカル量の時間変化を追跡することが可能である．パルスラジオリシス法でラジカルの時間挙動を直接観測するのと同等の情報を，捕捉剤の濃度変化による収量変化の測定から得ることができる．この手法は水分解生成物ラジカルの時間挙動評価に用いられてきた．

3.2.4　動力学解析の具体例

A ラジカルと溶質 C の擬一次反応を想定する．A ラジカル，生成物の P_C の何れかの吸収が観測できれば，前節で述べた方法にもとづき，その反応速度定数を決定することができる．もし，A ラジカル，生成物の P_C の何れも吸収測定が困難な場合，以下のような手続きで，A ラジカルとの反応性が既知で，かつ反応生成物 P_B が観測できる溶質 B を用いて溶質 C の反応性を決定することができる．

A ラジカルに対する溶質 B, C との反応生成物を P_B, P_C とし，それぞれに対応する反応速度定数を k_B, k_C とする．

$$\mathrm{A + B \longrightarrow P_B} \tag{3.23}$$

$$\mathrm{A + C \longrightarrow P_C} \tag{3.24}$$

溶質 B, C が同時に存在し，それぞれの濃度を [B]，[C] と表す．このとき A ラジカルの溶質 B, C との反応速度は $k_B[{\rm B}]$，$k_C[{\rm C}]$ なので，この割合で A が B，C との反応に消費される．A ラジカルの初期濃度を A_0 とすれば，溶質 B, C との反応による反応生成物 P_B, P_C は A ラジカルの溶質 B, C との反応速度を用いて，以下のようになる．

$$P_B = \frac{A_0 k_B [{\rm B}]}{(k_B[{\rm B}] + k_C[{\rm C}])} \tag{3.25}$$

$$P_C = \frac{A_0 k_C [{\rm C}]}{(k_B[{\rm B}] + k_C[{\rm C}])} \tag{3.26}$$

ここで溶質 B のみで，溶質 C が存在しない場合の観測可能な反応生成物 P_B の収

量を P_{B0} とすれば，$P_{B0}=A_0$ であるので，P_{B0} と P_B の比をとると

$$\frac{P_{B0}}{P_B} = \frac{\left(k_B[\mathrm{B}]+k_C[\mathrm{C}]\right)}{k_B[\mathrm{B}]} = 1 + \left(\frac{k_C}{k_B}\right)\left(\frac{[\mathrm{C}]}{[\mathrm{B}]}\right) \tag{3.27}$$

の関係が得られる．したがって，溶質 C が存在する場合は，P_B の生成量が減少し，存在しない場合との収量の比率は上式で示される．

　[C]/[B]を変化させた実験で P_{B0}/P_B を求め，上式に従ってプロットすれば，傾き k_C/k_B，切片 1 の直線が得られる．k_B が既知であれば，傾きから k_C が求まる．ここでの考え方は，既知の反応に対し未知の反応の影響度から，未知反応の速度定数を算出するもので，**競争反応**とよばれる．

4 気相の放射線化学

　気相は液相より密度が低いことから，その中で生じる放射線化学反応は凝縮相の放射線化学とは次の点で異なる．① イオン化，励起レベルが周囲の分子に影響されない，② 生成物どうしの相互作用の確率が低く，スパー，トラックの概念がない，すなわち，LET の概念がないことになる（スパー，トラックの概念は次章を参照のこと），③ イオン化の収率評価も凝縮相より簡単，④ 反応は質量分析装置内で生ずるものに近い，⑤ 壁の効果が凝縮相の場合に比べて大きな影響を与える，などである．空気の放射線照射の際に生ずるオゾンや窒素酸化物は人体に有害であり，装置の腐食をもたらすことから，実用的に重要な課題となる．ガスを冷却材に用いる原子炉では放射線の影響を理解することが，原子炉の安全な稼働のために重要となる．また，気相を用いる放射線化学プロセスとして，これまでにエチレンを用いたポリエチレンの放射線合成法などが開発されてきた．気相放射線化学反応は放電現象や大気上空で生ずる反応にも深く関わる．

4.1 　*W*値とイオン対収率

　気相では放射線照射時に生成するイオン対の測定は比較的容易であり，これを基準にして反応生成物の収量を表現することができる．N をイオン対の数，M を生成物分子数としたとき，(M/N) で定義される**イオン対収率**は，放射線化学の初期の時代に広く用いられていた．しかしながら，気相から凝縮相へ興味の対象が移るにつれて使用されなくなってきた．凝縮相では N の測定は容易でないからである．気相中のイオンの生成数評価，生成物数の測定の容易さから (M/N) は現在でも有用である．W 値が既知であれば，生成物の G 値は

$$G = \left(\frac{M}{N}\right) \times \left(\frac{100}{W}\right) / 100 \text{ eV} \tag{4.1}$$

となる．

　気相中で放射線のエネルギーがイオン化，励起，**亜励起電子**に配分されるとすると，エネルギー収支は以下の関係で表現できる[1]．

$$\sum_i g_i E_i + \sum_{ex} g_{ex} E_{ex} + G_i \overline{E_{se}} = 100 \text{ eV} / 100 \text{ eV} = 1 \tag{4.2}$$

g_i, g_{ex}は初期のイオン化と励起の G 値(/100 eV)，E_i, E_{ex} は各々に要したエネルギーである．G_iはイオン化の総 G 値($\sum_i g_i = G_i$)/100 eV を示す．亜励起電子は電子的励起エネルギー以下のエネルギーをもった電子で，$\overline{E}_{se}$ はその平均エネルギーを示す．

4.2 水 素

水素原子や H_2^+については，数多くの分光学的な実験や理論的な研究がなされてきた．イオン化の G 値は W 値(表1.1)から，$G = 2.75/100$ eV となる．イオン化，励起により，

$$H_2 \longrightarrow H_2^+ + e^- \tag{4.3}$$

$$H_2 \longrightarrow H_2^* \tag{4.4}$$

これらは以下の反応で水素原子を生成する．

$$H_2^* \longrightarrow 2H \tag{4.5}$$

$$H_2^+ + H_2 \longrightarrow H_3^+ + H \tag{4.6}$$

$$H_3^+ + e^- \longrightarrow 3H \tag{4.7}$$

$$H_2^+ + e^- \longrightarrow 2H \tag{4.8}$$

反応(4.6)はイオン分子反応で，質量分析計の観測で，H_2濃度が高くなると H_2^+から H_3^+に変化することから確認されている．

純水素ガス中では照射による変化を観測することは困難である．しかし，水素には核スピンの組み合わせにより，オルソ(スピンの向きが同方向)，パラ水素(スピンの向きが反対方向)の2種があり，常温では各々3:1の比率で存在し，相互の変換は非常に遅いことが知られている．1936年に水素ガスの α 粒子の照射により，$(M/N) = 10^3$にも及ぶイオン対収率で，パラ水素からオルソ水素への変換が生じることが観測され，連鎖反応で起こることが明らかになった．パラ水素，オルソ水素を，各々 p-H_2, o-H_2と表示すれば，連鎖の伝搬は

$$H + p\text{-}H_2 \longrightarrow o\text{-}H_2 + H \tag{4.9}$$

停止反応は

$$H \longrightarrow \frac{1}{2}H_2 \quad (\text{主に容器表面で}) \tag{4.10}$$

$$2H + M \longrightarrow H_2 + M^* \tag{4.11}$$

と，水素原子による連鎖反応と理解された．Mは反応で生ずるエネルギーをも
ち去る第三体である．

　H_2とD_2の混合系の放射線照射で，HD生成が観測される．HD生成の(M/N)
は$\geq 10^4$にも及ぶ．実際の生成過程は，以下に示すような**プロトン移動**による連
鎖反応である．

$$H_3^+ + D_2 \longrightarrow H_2 + HD_2^+ \tag{4.12}$$

$$HD_2^+ + H_2 \longrightarrow HD + DH_2^+ \tag{4.13}$$

この反応機構は，以下の実験結果から確認できる．H_2とD_2の混合系に，少量の
Xe, Krを添加すると，図4.1に示すようにHD収量は極端に減少する[2]．H_2のイ
オン化ポテンシャルは表1.2から15.4 eVである．同様に，XeとKrの値は，
各々12.13, 14.00 eVで，H_2の値より小さいことから，たとえば，Xeがあると，

$$H_3^+ + Xe \longrightarrow H_2 + HXe^+ \tag{4.14}$$

でプロトン移動が抑制され，HD生成が減少する．したがって，水素ガスの放射
線照射によるパラからオルソへの変換はラジカル反応ではなく，大部分はプロト
ン移動反応で生ずると理解できる．

　Xe添加によっても残るHD生成の部分は，ラジカルによる連鎖であろう．

$$H + D_2 \longrightarrow HD + D \tag{4.15}$$

$$D + H_2 \longrightarrow HD + H \tag{4.16}$$

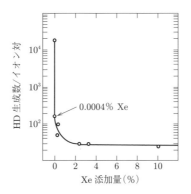

図 4.1　H_2とD_2 1：1混合ガスの^{210}Poのα線
　　　　照射により生成するHDのイオン対
　　　　収量のXeガス添加依存性

S. O. Thompson and O. A. Schaeffer: J. Am.
Chem. Soc. **80** (1958) 553.

O_2が少量共存すると，連鎖反応は抑制され，H_2O が$(M/N)=3.6$ で生成する．その生成機構は不明であり，

$$H + O_2 \longrightarrow HO_2 \tag{4.17}$$

$$2HO_2 \longrightarrow H_2O + O_2 \tag{4.18}$$

で生ずる HO_2 が中間体であることは間違いないであろう．

　Cl_2 共存下では HCl 収量は$(M/N)=5 \times 10^5$ となり，同様の反応は光反応でも観測されることから[3]，以下のラジカル連鎖で理解される．

$$H + Cl_2 \longrightarrow HCl + Cl \tag{4.19}$$

$$Cl + H_2 \longrightarrow HCl + H \tag{4.20}$$

さらに，

$$e^- + Cl_2 \longrightarrow Cl^- + Cl \tag{4.21}$$

なる解離的電子捕捉も生じる．停止反応は H+H, Cl+Cl である．

4.3 酸 素[1]

酸素分子の放射線照射時の初期過程は以下のように示される．

$$O_2 \longrightarrow O_2^* \tag{4.22}$$

$$O_2 \longrightarrow 2O \tag{4.23}$$

$$O_2 \longrightarrow O_2^+ + e^- \tag{4.24}$$

$$O_2 \longrightarrow O^+ + O + e^- \tag{4.25}$$

W 値（表 1.1）から，イオン化の G 値は 3.1/100 eV と算出できる．質量分析計の観測から，正イオンの主成分は O_2^+ である．

　気相酸素の放射線照射ではオゾン(O_3)が生成する．その生成 G 値は高線量率のとき 13.8/100 eV，低線量率のときは 6.2/100 eV と報告されている．図 4.2 はフェバトロン電子線加速器を用いた高線量率でのパルスラジオリシス照射条件下，電子とイオン種，O 原子，オゾンの形成過程の時間挙動をシミュレーションしたものである[4]．電子とイオン種は 60～70 ns で消滅し，代わりに O 原子が生成し，この O 原子と酸素分子が 10 μs 以内で反応してオゾンが形成される．この反応は 1930 年に Chapman（チャップマン）が提唱したので，Chapman 過程とよばれる．

$$O + O_2 \longrightarrow O_3 \tag{4.26}$$

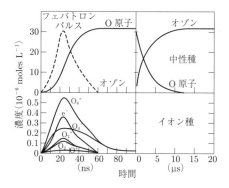

図 **4.2**　室温，860 Torr の酸素中，フェバトロン電子線加速器を用いた高線量率($11\,\mathrm{kGy\,pulse^{-1}}$, max. $7.8\times10^{10}\,\mathrm{Gy\,s^{-1}}$)でのパルスラジオリシス照射条件下，生成する電子とイオン種，O原子，オゾンの形成過程の時間挙動のシミュレーション
C. Willis, *et al.*: Can. J. Chem. **48** (1970) 1505.

酸素原子の収量は，$G=13.8/100\,\mathrm{eV}$ ということになる．

　速い過程での O の形成は，以下の二つのイオンの関わる反応が主要である．

$$O_4^+ + O_2^- \longrightarrow 2\,O_2 + 2\,O \tag{4.27}$$

$$O_4^+ + O_4^- \longrightarrow 3\,O_2 + 2\,O \tag{4.28}$$

O_4^+ は以下の反応で生まれる．

$$O_2^+ + 2\,O_2 \longrightarrow O_4^+ + O_2 \tag{4.29}$$

O_2^+ はイオン化で，O_2^- は O_2 の電子捕獲で，O_4^- は O_2^- と酸素分子の三体反応で生まれる．

$$e^- + O_2 \longrightarrow O_2^- \tag{4.30}$$

$$O_2^- + 2\,O_2 \longrightarrow O_4^- + O_2 \tag{4.31}$$

電子捕捉剤の SF_6 を用いると，電子が SF_6 に捕捉され，生成した SF_6^- と O_4^+ の反応が生じ，オゾン生成が抑制される．

$$O_4^+ + SF_6^- \longrightarrow \text{no}\,O_3\,\text{or}\,O \tag{4.32}$$

O_2 の W 値から，イオン化は $G=3.1/100\,\mathrm{eV}$ と算出できる．電子捕捉剤存在下のオゾン生成量の減少量は，G 値で $6.2/100\,\mathrm{eV}$，$2\times G$（イオン化）にほぼ等しい．余剰部分は励起状態によるものである．励起状態は式(4.23)の反応で二つの O 原子を生成するので，励起状態の G 値は$(13.8-6.2)/2=3.8/100\,\mathrm{eV}$ となる．

　低線量率での収量が低いのは，以下の反応により，O_2^- や O_4^+ の定常濃度が

低くなるためとされている．これはイオン経由の反応によるオゾン形成の抑制になる．

$$O_2^- + O_3 \longrightarrow O_2 + O_3^- \tag{4.33}$$

$$O_4^+ + O_3^- \longrightarrow 2\,O_2 + O_3 \tag{4.34}$$

オゾンは空気中の酸素から $G = 10.3/100\,\mathrm{eV}$ で，効率よく形成され，身体に有害であることから，安全上，加速器施設，γ 線照射施設では照射室の十分な換気がなされ，排ガスは活性炭素のフィルターを介して大気放出される．オゾンは融点が $-192.5\,\mathrm{℃}$，沸点は $-111.9\,\mathrm{℃}$ の青色の物質である．放射線化学の実験では低温を得るために，しばしば液体窒素を使用する．液体窒素の沸点は $-195.8\,\mathrm{℃}$ である．空気中で生成したオゾンは近傍に液体窒素があれば，冷やされて固化し，液体窒素中に凝結する．長期間の低温照射をつづけると液体窒素の底部に鮮やかな青色の固形物オゾンが生成する．この固形物は温度が上昇すると，爆発的に気化し，危険であるため注意を払う必要がある．以前，電子線加速器からの垂直ビームを用いて，液体窒素上に浮かべた照射皿に設置した半導体試料の照射が行われた．照射中に周囲の空気から生成したオゾンが液体窒素に取り込まれ，オゾン固体を形成した．照射中に液体窒素が消費されたことにより，蓄積されたオゾンが爆発し，加速器の真空窓を破壊してしまうという事故が生じた．液体窒素を用いる低温実験では，事故防止のためオゾン生成に注意しなければならない．

4.4　水　蒸　気[1]

水蒸気の W 値は $30.1\,\mathrm{eV}$ と報告されているので，イオン化の G 値は $3.3/100\,\mathrm{eV}$ である．イオン化した H_2O^+ はイオン分子反応で H_3O^+ と OH となる．これらは水分子を周囲にまとい，クラスターとして存在する．オレフィン捕捉剤存在下では H 原子は捕捉され，その場合の H_2 収量，$G(H_2)_{ol}$ は $0.51/100\,\mathrm{eV}$ となり，H_2O^+ や H_2O^* からの直接生成の収量を示すと考えられる．$H_2O \longrightarrow\!\!\!\bigwedge\!\!\!\bigwedge\!\!\!\longrightarrow H_2 + O^+(^2D) + e^-$ は $G = 0.06/100\,\mathrm{eV}$ と推定されているので，H_2O^* の寄与は $0.45/100\,\mathrm{eV}$ となる．水素供与性捕捉剤（RH）を含む場合は，以下の反応で H_2 が生成する．

$$H + RH \longrightarrow H_2 + R \tag{4.35}$$

線量率が低いときも，高いときも，捕捉剤存在下での H_2 収量，$G(H_2)_{RH}$ は $8.0/$

100 eV となる．したがって，総 H 原子収量は $G(\mathrm{H_2})_{\mathrm{RH}} - G(\mathrm{H_2})_{\mathrm{ol}} = 8.0 - 0.51 = 7.5/100$ eV となる．

イオン化により生成したイオンは，以下の中和反応で，主に H 原子を形成する．

$$\mathrm{H_3O^+ \cdot} n\mathrm{H_2O} + \mathrm{e^-(or\ O_2^-)} \longrightarrow \mathrm{H} + (n+1)\mathrm{H_2O}\ (+\mathrm{O_2}) \qquad (4.36)$$

解離的イオン化，$\mathrm{H_2O} \overset{\wedge\wedge\wedge}{\longrightarrow} \mathrm{OH^+ + H + e^-}$ は $G = 0.57/100$ eV と評価されるので，中性励起過程からの H 原子収量 G 値は，イオン再結合分とこの解離的イオン化分を除いて，$7.5 - 3.3\ -0.57 = 3.6/100$ eV と評価できる．

表 4.1 に水蒸気中でのイオン化と励起で生ずる中和反応前およびラジカル反応開始前の中間体の G 値をまとめた．

$$\mathrm{H_2O^*} \longrightarrow \mathrm{H} + \mathrm{OH} \qquad (4.37)$$
$$\mathrm{H_2O^*} \longrightarrow \mathrm{H_2} + \mathrm{O} \qquad (4.38)$$

上記反応のエネルギーは各々 8.8 と 9.0 eV と評価されているので，これらの過程の G 値 3.6/100 eV と 0.45/100 eV，初期イオン化の G 値 3.3/100 eV とイオン化ポテンシャル 12.6 eV，さらに亜励起電子のエネルギーを 6.6 eV とすれば，式 (4.2) の左辺は $(12.6 \times 3.3) + (8.8 \times 3.6 + 9.0 \times 0.45) + 6.6 \times 3.3 = 99.01$ eV/100 eV = 0.99 となり，ほぼエネルギー収支を満足していることがわかる．

表 **4.1**　水蒸気の放射線照射時の中和反応前およびラジカル反応開始前に生ずる化学種の G 値

化学種	イオン化過程から (/100 eV)	励起過程から (/100 eV)	総計 (/100 eV)
$\mathrm{e^-}$	3.3	—	3.3
$\mathrm{H_3O^+ \cdot} n\mathrm{H_2O}$	3.3	—	3.3
OH	2.7	3.5	6.2
H	0.57	3.5	4.1
O	0.63	0.45	1.08
$\mathrm{H_2}$	0.06	0.45	0.51

Radiation Chemistry, Principle and Applications, eds. by Farhataziz and M. A. Rodgers (VCH Publishers, 1987) p. 314.

4.5 その他のガス[4]

a. 窒素ガス

窒素ガスは放射線に対し比較的安定で，反応を区別するのは容易ではなく，あまり研究は行われていない．一方，窒素化合物については工学的観点から多くの興味を集めてきた．

b. アンモニア

アンモニアの照射により，窒素と水素が生成物として観測される．逆に窒素と水素の混合物の放射線照射でアンモニアを発生する．そのほかの生成物はヒドラジン (N_2H_4) で，ロケット燃料として用いられるため，1960年代はさかんに研究が行われた．最大，$G=4/100\,eV$ でヒドラジンが生成する．この生成はつづかず，長期照射では窒素と水素が化学量論的に生成し，室温では $G=3/100\,eV$ である．高温では $G=10/100\,eV$ にまで増大し，90%までの分解が進行する．

アンモニアの分解機構には必ず NH_2 が存在する．

$$NH_2^+ + NH_3 \longrightarrow NH_3^+ + NH_2 \tag{4.39}$$

$$NH_3^+ + NH_3 \longrightarrow NH_4^+ + NH_2 \tag{4.40}$$

ヒドラジンは NH_2 の二量体化から生まれる．同時にラジカルにより分解する．

$$NH_2 + NH_2 \longrightarrow N_2H_4 \tag{4.41}$$

$$H + N_2H_4 \longrightarrow H_2 + N_2H_3 \tag{4.42}$$

$$NH_2 + N_2H_4 \longrightarrow NH_3 + N_2H_3 \tag{4.43}$$

c. 窒素と酸素の混合物

空気を照射するとオゾンが $G=10.3/100\,eV$ で生成し，少量の NO_2 が発生する．N_2O_5, N_2O なども生成する．NO_2 生成の最大値は $G=5～6/100\,eV$ である．ここに，水が存在すると，$G=2～3/100\,eV$ で硝酸が発生する．硝酸は腐食を引き起こすので，実用的には放射線による硝酸生成に注意を払う必要がある．窒素，酸素の混合系での放射線照射では膨大な反応が関わっており，データは多い．排ガス中の窒素酸化物，硫黄酸化物の放射線処理ではこれらの反応が生じている．

d. 一酸化二窒素（N_2O）

気相の線量計として使用が期待され，多くの研究が実施されてきた．主生成物は N_2 で，線量率 $1.6\,Gy\,s^{-1}$ であれば $G=10.0\pm0.2/100\,eV$，$100\,℃$ に昇温し $1.6\times10^7\,Gy\,s^{-1}$ まで線量率が増加すると，G 値は 25% 増加する．

$$e^- + N_2O \longrightarrow N_2 + O^- \tag{4.44}$$

が生ずるが，この反応は液相中でもよく知られた反応である．

e. 一酸化炭素（CO）

一酸化炭素の照射により気体生成物と同時に固体生成物が観測される．この固体は炭素の酸化したもので，$(C_3O_2)_n$ と記すことができる．主生成物は CO_2 で $G=2/100\,eV$ 程度，$G(-CO)=8/100\,eV$ 程度で，酸素が存在すると固形物は観測されない．

$$CO \longrightarrow C + O \tag{4.45}$$
$$CO + C + M \longrightarrow C_2O + M \tag{4.46}$$
$$C_2O + CO + M \longrightarrow C_3O_2 + M \tag{4.47}$$
$$C_3O_2 + O \longrightarrow C_2O + CO_2 \tag{4.48}$$
$$C \longrightarrow グラファイト \tag{4.49}$$
$$C_2O, C_3O_2 \longrightarrow 重合生成物 \tag{4.50}$$

f. 二酸化炭素（CO_2）

CO_2 の光分解の研究から，さまざまな励起状態から CO と O が生まれる．おそらく C も生成している．質量分析計では CO_2^+ が主に，そのほか 10% 以下の CO^+, C^+, O^+ が付随して生成する．CO_2 は照射に対し非常に安定で，高線量率，あるいは流通系（試料を連続的に流しながら）での照射により少量の CO と O_2 が生まれる．CO と O_2 の間で再生反応が進行すると思われる．0.1～1% の NO_2 の添加で分解は加速される．

気相での反応開始は

$$CO_2 \longrightarrow CO + O \tag{4.51}$$
$$CO_2 \longrightarrow C + 2O \tag{4.52}$$

である．反応(4.51)の G 値は $8/100\,eV$ であるが，反応(4.52)の反応は小さい．引きつづいて，

$$CO + C + M \longrightarrow C_2O + M \tag{4.46}$$

$$C_2O + CO + M \longrightarrow C_3O_2 + M \tag{4.47}$$

$$O + O_2 + M \longrightarrow O_3 + M \tag{4.53}$$

$$C_3O_2 + O \longrightarrow C_2O + CO_2 \tag{4.48}$$

$$C_3O_2 + O_3 \longrightarrow C_2O + CO_2 + O_2 \tag{4.54}$$

$$CO + O + M \longrightarrow CO_2 + M \tag{4.55}$$

などの反応が生ずる. C_2O や C_3O_2 の一部は壁に拡散し, 高分子生成物をもたらす. 微量の NO_2 の添加は O や C との反応で, CO_2 の再生を阻害する.

$$O + NO_2 \longrightarrow NO + O_2 \tag{4.56}$$

$$C + NO_2 \longrightarrow NO + CO \tag{4.57}$$

$$2NO + O_2 \longrightarrow 2NO_2 \tag{4.58}$$

液相や固相の分解 G 値は, $G(-CO_2) = 5 / 100\,eV$ で, CO と O_2 を生成する. 反応(4.51)と反応(4.52)のみが起こり, O どうし, C との反応,

$$2O \longrightarrow O_2 \tag{4.59}$$

$$C + O \longrightarrow CO \tag{4.60}$$

により, O_2 と CO が生まれ, 主生成物となる.

CO_2は熱伝導性と高速中性子に対する核的な安定性から原子炉の冷却材として利用されてきた. 黒鉛(C)を高速中性子の減速材に用いる原子炉では放射線照射下の CO_2-C 相互作用の検討が必要となる. 非照射時 600℃ 以下では問題ないが, 原子炉稼働条件下では著しい反応が生じ, CO_2 を冷却材に用いる Colder-2 原子炉では年間 500 kg の炭素が消失したとの評価がある. この反応では中性子による黒鉛中の炭素原子の**変位**が重要で, これが CO_2 との反応を高めている. 黒鉛細孔中のガスによる炭素の消費量は最大, $G = 2.35/100\,eV$ となる. これは励起状態などの中間活性種の反応によるもので, CO, H_2, H_2O, メタンの添加により反応が抑制される.

g. メタン(CH_4)

メタンは最も簡単な有機分子との観点から研究が進められた. 照射により数多くの過程を経ることが知られている. 光化学の研究では, 147.0 nm と 123.6 nm で, 各々 8.4, 10 eV の光励起により, CH_3, CH_2, CH, H が中間体として観測されている. 分解モードは励起光のエネルギーに依存するので, 放射線分解は光分解で観測されるのとそれほど大きな差はないものの, まったく同じにはならない.

捕捉剤が存在しない場合は，メチルラジカルは主に再結合で消滅する．

$$2\,CH_3 + M \longrightarrow C_2H_6 + M^* \tag{4.61}$$

メチレン（CH_2）はメタン分子に挿入し，励起エタンが形成するが，これはメチルラジカル，エチレンと水素分子に分解，あるいは第三体に余剰エネルギーを手渡しエタンとなる．

$$CH_2 + CH_4 \longrightarrow C_2H_6^* \tag{4.62}$$

$$C_2H_6^* \longrightarrow 2\,CH_3 \tag{4.63}$$

$$\longrightarrow C_2H_4 + H_2 \tag{4.64}$$

$$C_2H_6^* + M \longrightarrow C_2H_6 + M^* \tag{4.65}$$

CH ラジカルもメタンに挿入し，

$$CH + CH_4 \longrightarrow C_2H_5^* \tag{4.66}$$

となるが，生じた励起エチルラジカルは CH 結合切断に要する 4 eV 以上の余剰エネルギーを保持し，1 atm 以下ではエチレンを発生する．

$$C_2H_5^* \longrightarrow C_2H_4 + H \tag{4.67}$$

水素原子は高温以外ではメタンとゆっくり反応する．

$$H + CH_4 \longrightarrow H_2 + CH_3 \tag{4.68}$$

この速度定数 $k \approx 10^{10} \exp(-E/RT)$ は $L\,mol^{-1}\,s^{-1}$ で $E \approx 38 \sim 42\,kJ/mol$ である．R は気体定数 $8.31\,J^{-1}\,K^{-1}\,mol^{-1}$，$T(K)$ は絶対温度である．水素原子はエチレンに付加する．

$$H + C_2H_4 \longrightarrow C_2H_5 \qquad k \approx 5\times10^8\,L\,mol^{-1}\,s^{-1} \tag{4.69}$$

である．三体反応による付加反応も生じ，この場合は $k \approx 10^9 \sim 10^{10}\,L\,mol^{-1}\,s^{-1}$ と評価されている．

質量分析計では，CH_4^+(47%)，CH_3^+(40%)，CH_2^+(7.5%) などのイオンが観測されるが，脱励起，イオン分子反応でどのような分解反応が進行するかを予見することは困難である．CH_4^+ はメタンと弱い錯体形成を経て以下の反応を生ずる．その反応速度定数は $k = 7.4\times10^{11}\,L\,mol^{-1}\,s^{-1}$ である．

$$CH_4^+ + CH_4 \longrightarrow CH_5^+ + CH_3 \tag{4.70}$$

CH_3^+ は以下の反応で中間体 CH_7^+ を経て $C_2H_5^+$ をもたらすと考えられ，その反応速度定数は $k = 10^{12}\,L\,mol^{-1}\,s^{-1}$ である．

$$CH_3^+ + CH_4 \longrightarrow C_2H_5^+ + H_2 \tag{4.71}$$

CH_2^+ の反応は複雑である．すべてのイオン分子反応はイオン再結合の前に生ずる．CH_5^+ と $C_2H_5^+$ はメタンとの反応での生成物が分離できないが，CH_4, CD_4

の混合物では CH_5^+ からのプロトンが移動し，同位体どうしの混合が生ずる．

メタンは当初放射線分解しないと評価されていたが，その後の質量分析，ガスクロマトグラフィーによる分析など，ほかの解析手法で顕著な分解が生じていることが明らかにされた．分解生成物は照射量により変化していく，たとえば蓄積したエチレンは水素原子の攻撃を受けるし，0.01％程度の微量の炭化水素分子は CH_5^+ によるプロトン移動と引きつづく分解，あるいは $C_2H_5^+$ のヒドリド移動による攻撃を受けることがわかっている．典型的な分解生成物の報告値を表 4.2 にまとめる[5]．

イオン化の G 値はメタンの W 値（27.3 eV）から 3.6/100 eV で，イオン化に対する励起は 0.63〜0.8 と評価されているので，0.7 とすれば，励起 G 値は 2.5/100 eV となる．

CH_4^+ は，反応（4.70）で CH_5^+ に変換され，その収量は 3〜5％の i-C_4D_{10} を含むメタンの照射による反応

$$CH_5^+ + i\text{-}C_4D_{10} \longrightarrow CH_4 + C_4D_{10}H^+ \qquad (4.72)$$

つづいて，

$$C_4D_{10}H^+ \longrightarrow C_3D_7 + CD_3H^+ \qquad (4.73)$$

$$C_3D_7^+ + C_4D_{10} \longrightarrow C_3D_8 + C_4D_9^+ \qquad (4.74)$$

で生じる C_3D_8 とそのほかの微量生成物の観測により，480 Torr での $G(CH_4^+)$ ＝1.9/100 eV と推定された．

CH_3^+ も同様の実験での反応

$$CH_3^+ + CH_4 \longrightarrow C_2H_5^+ + H_2 \qquad (4.75)$$

$$C_2H_5^+ + C_4D_{10} \longrightarrow C_2H_5D + C_4H_9^+ \qquad (4.76)$$

で生じる C_2H_5D の量から $G(CH_3^+)$ ＝0.9/100 eV と求められる．親イオンの生成 G 値 3.7/100 eV に対して G 値 1.9/100 eV と 0.9/100 eV は親イオンの分解に対応

表 **4.2**　メタンガスの放射線分解での典型的な生成物の G 値

生成物	G 値(/100 eV)	生成物	G 値(/100 eV)
H_2	5.73	n-C_4H_{10}	0.114
C_2H_4	0.004	i-C_4H_{10}	0.040
C_2H_6	2.20	C_5-C_6	0.03
C_3H_6	0.00	ポリマー	2.1
C_3H_8	0.36		（分子 CH_4 が高分子生成へ）

A. J. Swallow: *Radiation Chemistry, An Introduction*（A Halsted Press Book, John Wiley & Sons, 1973）p. 129.

するものであるが，質量分析 480 Torr から評価された CH_4^+ (53%)，CH_3^+ (25%)より，いくぶん分解は小さい.

　メチルラジカルの G 値は 3.3/100 eV と報告されている. これが，反応(4.70) のイオン分子反応と励起から生ずるとすると，$G(CH_4^+)=1.9/100$ eV であるから，励起からは $G=1.4/100$ eV となる.

　4.5% H_2S を含む CD_4 (40 Torr)系では，D 原子は以下の反応で，HD を与える.

$$D + H_2S \longrightarrow HD + SH \tag{4.80}$$

HD の収量は $G=4/100$ eV である. ほかの HD 生成反応はないので，CD_4 から生成する D の G 値は 4 である. H の CH_4 からの水素引き抜き G 値も同様であろう. 励起過程からの CH_3 生成と，CH_3^+ 生成に伴う初期 H 生成の G 値は，各々，1.4, 0.9/100 eV で，和は 2.3/100 eV である. ほかは，CH_2, CH, CH_2^+ などを生成する分解反応によるものと考えられる.

　H_2収量は CH_4 と CD_4 混合物にヨウ素を H 原子捕捉剤として加えた結果から評価された. $G=3.2/100$ eV で，H_2, HD, D_2 の比率はほぼ $3:1:2$ で，実験条件に依存する. すべての HD が CH_3^+ とメタンの反応 (4.75)で生ずるとすれば，この反応は H_2, D_2 も生成し，その量は HD 量から推測できる. CH_2, CH, CH_2^+ などの初期生成物発生に伴って，残りの H_2 と D_2 放出が生じ，$G=1.3/100$ eV を与えているのであろう.

　CH_2と CH の G 値は 0.7 と 0.1〜0.3/100 eV と推定されている. これらの値, ほかの生成量は物質収支から評価したものである.

5 水と水溶液の放射線化学

　水はわれわれの周りで最もポピュラーな物質である．雨，雲，川，湖，海と，自然界には水，水溶液が多数存在している．われわれの身体も70%前後が水である．したがって，水の放射線化学反応の理解は基礎的観点からも，応用の観点からも重要である．このような理由で，従来から水の放射線分解についての研究は多くなされ，他のいかなる化学系よりも深い理解が進んでいる．

　本章では，液体の水と水溶液を対象に，放射線による水の放射線分解の基礎過程を時間，空間の観点から述べ，生成する化学種の性質，それらの放射線分解における役割について議論し，水の放射線分解の全容を説明する．

　以下，多くの反応速度定数を示すが，出典が示されていないものはすべて文献[1]による．

5.1 初 期 過 程

5.1.1 空間分布とスパー反応

　水の放射線分解は，**物理**過程，**物理化学**過程，**化学**過程の三つの過程に大別される．物理過程で水と放射線の相互作用により放射線エネルギーが水分子に付与され，イオン化，励起が生ずる．この時間スケールは10^{-17} s 程度と評価されている．水分子と相互作用する空間領域の大きさを 10 nm とし，水溶液中のこの領域を光速の放射線が通り抜ける間に相互作用すると仮定すれば，相互作用の時間，すなわちエネルギーの付加時間は $10 \times 10^{-9}/(3 \times 10^8) = 3.3 \times 10^{-17}$ s と評価される．

　水分子がイオン化，励起してからの挙動を時間軸にして概略図としてまとめたものを図 5.1 に示す．基底状態の水分子がエネルギーを得て，水の励起状態，H_2O^* とともに，水分子のイオン化によって H_2O^+ と電子のイオン対が形成される．このうち，電子は十分な余剰エネルギーをもっていれば，イオン化レベル以下のエネルギーに到達するまで，さらに水分子をイオン化，励起すると考えられる．

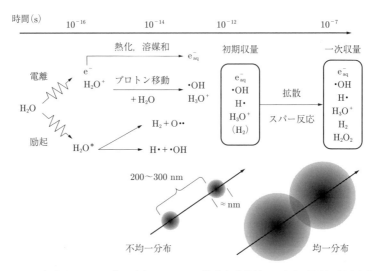

図 5.1　水分子がイオン化，励起してからの挙動を時間軸にした概略図と空間分布

　つづく物理化学過程で，水の励起状態はただちに分解して・H 原子と・OH ラジカルに解裂するか，励起エネルギーを散逸し基底状態に戻る．まれではあるが O 原子と H_2 分子への解裂もあると想定されている．一方，イオン化で生成する H_2O^+ はホール（正孔，hole）ともよばれるが，周囲の水分子との反応により・OH ラジカルと H_3O^+（**ヒドロニウムイオン**）を形成する．この反応はイオンと分子の反応なので，**イオン分子反応**とよばれる．

$$H_2O^+ + H_2O \longrightarrow H_3O^+ + \cdot OH \tag{5.1}$$

この反応速度定数は気相反応では，表 2.1 に示すように $1.26 \times 10^{-9}\,\mathrm{cm}^3$ molecule^{-1} s^{-1} と評価され，式(2.28)を液相に適用すると $k[H_2O] = 1.26 \times 6 \times 10^{11} \times 55 = 4.2 \times 10^{13}\,\mathrm{s}^{-1}$ となり，この逆数の 20 fs の時間スケールで，H_2O^+ から・OH ラジカルと H_3O^+ への変換が進行すると考えられている．したがって，通常は H_2O^+ そのものの存在を考慮する必要はない．

　水分子のイオン化レベル以下のエネルギーをもつ電子は水分子を電子励起したり，水分子の振動，回転の自由度へエネルギーを散逸したりして，熱化する．最終的には周囲の水分子を配向し，水和電子（e_{aq}^-）とよばれる状態に溶媒和する．この溶媒和に要する時間は実験から数百 fs と評価されている．このように，放射線エネルギーが水に吸収されて 1 ps 後では，水和電子，・H 原子，・OH ラジ

カル，少量の H_2 が存在している．この時点での水分解収量 G 値を**イニシャル G
値**，初期収量とよぶ．これらの水分解生成物は局所空間に偏在して分布すると考
えられ，数〜10 nm の広がりをもつこの領域を**スパー**とよぶ．

5.1.2 初期収量と一次収量

引きつづく化学過程では，これらの分解生成物は相互に反応と拡散を経て，ほ
ぼ 100 ns 後には系内に均一に分布する．この間の反応と拡散の過程を**スパー反
応**，**スパー過程**，あるいは**スパー内反応**，**スパー内過程**とよぶ．この過程で分子
生成物である水素分子(H_2)や過酸化水素(H_2O_2)が発現する．系内にエネルギー
が付与されて，約 100 ns 経過して，生成物が系内に均一に分布した直後の水分
解生成物の G 値を**プライマリー G 値**，一次収量と称す．

表 5.1 にスパー反応を構成する反応とその反応速度定数の一覧を示す．ラジカ
ル生成物は反応性に富み，相互に反応する．これらのうち，反応(5.2)，(5.5)，
(5.6)により H_2 分子が，反応(5.7)で H_2O_2 が生まれる．化学過程で分子生成物が
出現するのはスパー反応による．反応(5.8)は水分子を生成することから，水分
解生成物が反応して水分子を再生する過程である．

スパー反応が水の放射線分解の初期の化学過程を特徴づける．この過程を直接
観測することは困難であるものの，以下に示すような多くの観測結果がこの描像
を支持している．

表 5.1　スパー反応を構成する反応とその速度定数の一覧

スパー反応	反応速度定数 $(10^{10} \, \text{L mol}^{-1}\text{s}^{-1})$	反応式
$e_{aq}^- + e_{aq}^- (+2H_2O) \longrightarrow H_2 + 2OH^-$	0.54	(5.2)
$e_{aq}^- + \cdot OH \longrightarrow OH^-$	3.0	(5.3)
$e_{aq}^- + H_3O^+ \longrightarrow \cdot H + H_2O$	2.3	(5.4)
$e_{aq}^- + \cdot H \ (+ H_2O) \longrightarrow H_2 + OH^-$	2.5	(5.5)
$\cdot H + \cdot H \longrightarrow H_2$	$2k = 1.55$	(5.6)
$\cdot OH + \cdot OH \longrightarrow H_2O_2$	$2k = 1.1$	(5.7)
$\cdot OH + \cdot H \longrightarrow H_2O$	0.79	(5.8)
$H_3O^+ + OH^- \longrightarrow 2H_2O$	14.3	(5.9)

G. V. Buxton, *et al.*: J. Phys. Chem. Ref. Data **17** (1988) 513.
Radiation Chemistry, Principle and Application, eds. by Farhataziz
and M. A. Rodgers (VCH Publishers, 1987) p. 324.

(1) 捕捉剤が $\leq 10^{-3}\,\mathrm{mol\,L^{-1}}$ の低濃度になると，ラジカルが捕捉される割合は一定で，H_2, H_2O_2 の収量も一定となる．これはスパー内には捕捉剤がほとんどないのでスパー反応ではラジカルは捕捉されないが，スパー反応を逃れた希薄濃度のラジカルは微量の捕捉剤とすべて反応するからである．

(2) 捕捉剤濃度が $10^{-3}\,\mathrm{mol\,L^{-1}}$ 以上になると，捕捉ラジカル収率は増加する．これに対応して H_2, H_2O_2 の収量が減少する．これはスパー内に侵入した捕捉剤がラジカルと反応するからである．

(3) 放射線の LET が増加するとラジカル収量が減少，分子生成物が増大する．これはスパー内ラジカル濃度が増大するため，ラジカルのスパー反応による分子生成物の収量が増大するためである．

　項目(3)について，表 5.2 にまとめたいくつかの放射線の種類による水分解の一次収量との関連で説明する．これまでに報告された γ 線と陽子線，重陽子線，ヘリウムイオンビームによる水分解で生成するラジカル，分子の生成 G 値と水分解 G 値が表になっている．γ 線からヘリウムイオンビームまで順に LET が増加している．ここで，H_2, H_2O_2 の G 値は LET 増加に従い増大するのに対し，$-H_2O, e_{aq}^-, \cdot OH$ の G は減少する．$-H_2O$ は分解して消滅する水分子数を示す．LET が増大することにより単位距離あたりのエネルギー付与量が増大し，図 5.2 に示すように，当初生成したスパー間の距離は数 100 nm もの広い間隔であったものが，間隔が狭まり数珠状になり，さらに円筒状のトラック構造を形成する．図 5.2 は概念的なもので，むしろ，相互作用でエネルギー付与した地点の分布を示した 1 章の図 1.1 のほうがより正確な描像である．スパーでは水分解生成物は空間内あらゆる方向に拡散できるのに対し，トラックや円筒状構造では軸方向の拡散が抑制され，軸方向に垂直な方向のみに拡散するので，結果的にスパー反応

表 5.2　いくつかの放射線の水分解のプライマリー収量 $(/100\,\mathrm{eV})$

LET $(\mathrm{eV\,nm^{-1}})$	$-H_2O$	e_{aq}^-	$\cdot OH$	$\cdot H$	H_2	H_2O_2	$HO_2\cdot$
γ 線/0.23	4.08	2.63	2.72	0.55	0.45	0.68	0.008
H^+/12.3	3.46	1.48	1.78	0.62	0.68	0.84	—
D^+/61	3.01	0.72	0.91	0.42	0.96	1.00	0.05
He^{2+}/108	2.84	0.42	0.54	0.27	1.11	1.08	0.07

Radiation Chemistry, Principle and Applications, eds. by Farhataziz and M. A. Rodgers（VCH Publishers, 1987）p. 327.

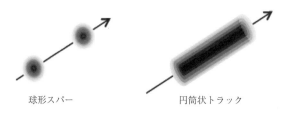

球形スパー　　　　　　　　円筒状トラック

図 5.2 スパー間隔が狭まり数珠状になった円筒状トラック構造の形成

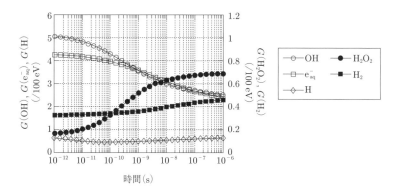

図 5.3 低 LET の放射線水分解の生成物の収量の時間依存性
縦軸は 100 eV あたりの収量.ラジカル(OH, e_{aq}^-, H)は左の縦軸,
分子生成物(H_2, H_2O_2)は右の縦軸

が起こりやすくなる.LET の増大に従って,反応(5.2),(5.5),(5.6)により H_2 分子が,反応(5.7)で H_2O_2 がより生まれやすくなり増大する.逆に,これらの反応にラジカル生成物が消費されることから,ラジカル生成物は減少する.反応(5.8)の水分子を再生する反応も増大することから,水分解の G 値は減少することになる.この予測は表 5.2 の LET 依存性をよく反映している.

　高エネルギー電子線照射による水分解生成物収量の時間依存性の評価の一例を図 5.3 に示す.

5.2　生成物の種類とその性質

前節で述べたように，水の放射線分解は以下のように記述できる．

$$\mathrm{H_2O} \xrightarrow{\quad\quad} \mathrm{e_{aq}^-, H_3O^+, \cdot H, \cdot OH, H_2, H_2O_2, HO_2 \cdot} \cdots \tag{5.10}$$

以下，これら生成物のプライマリー G 値を $G_{-\mathrm{H_2O}}$, $G_{\mathrm{e_{aq}^-}}$, $G_{\mathrm{H_3O^+}}$, G_{H}, G_{OH}, $G_{\mathrm{H_2}}$, $G_{\mathrm{H_2O_2}}$, $G_{\mathrm{HO_2}}$ … と記すことにする．

5.2.1　水　和　電　子

　水和電子は水中の電子で，電子の形成する電場により水分子が配向して形成されるポテンシャル井戸中に存在していると考えられている．電子は負に帯電しており，生成する電場では，水分子のうちの水素原子側にプラスの電荷が偏っていることから，水分子のうちの一つの水素原子が電子のほうに引き寄せられる．正方形の平面の中心に水和電子を配置したとき，正方形の各頂点とこの平面に垂直で水和電子の上と下に位置する場所に，計 6 個の水分子が配置されると考えられている(図 5.4)．電子は 0.25～0.3 nm 半径の領域で分布する．このような理想的な配置は氷のような状態でのみ可能で，液体の場合は周りの水分子の運動で理想的な構造からずれていると考えられる．最近では，水中の電子の量子化学計算も進み，その特性解明も進んでいる．図 5.5 に示すように，水和電子は強い吸収を可視光領域にもち，ピーク波長は 720 nm で，このピークのモル吸光係数は 18 500 L mol^{-1} cm^{-1} である．この光吸収は上に述べた周囲の水分子から形成されるポテンシャル井戸中あるいは井戸外への遷移にもとづくと説明されている．

　水和電子の標準酸化還元電位は -2.9 V で，化学物質中で最も還元力が大きい．金属イオンを還元したり，さまざまな化学種に電子付着したり，解離したりする．その反応は速く，拡散律速反応も多い．典型的な反応を表 5.3 にまとめておく．
　このうちいくつかの重要な反応を示す．

$$\mathrm{e_{aq}^- + M^{n+} \longrightarrow M^{(n-1)+}} \tag{5.11}$$

$$\mathrm{e_{aq}^- + O_2 \longrightarrow O_2^{\cdot -}} \qquad\qquad k = 1.9 \times 10^{10} \, \mathrm{L\, mol^{-1}\, s^{-1}} \tag{5.12}$$

$$\mathrm{e_{aq}^- + C_6H_5I \longrightarrow \cdot C_6H_5 + I^-} \qquad k = 1.2 \times 10^{10} \, \mathrm{L\, mol^{-1}\, s^{-1}} \tag{5.13}$$

$$\mathrm{e_{aq}^- + RX \longrightarrow (RX^{\cdot -}) \longrightarrow \cdot R + X^-} \tag{5.14}$$

$$\mathrm{e_{aq}^- + H_2O \longrightarrow \cdot H + OH^-} \qquad\qquad k = 16 \, \mathrm{L\, mol^{-1}\, s^{-1}} \tag{5.15}$$

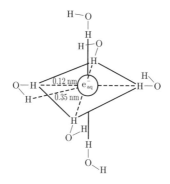

図 **5.4**　水和電子を構成する 6 個の水分子の配置

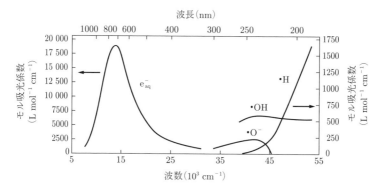

図 **5.5**　水分解で生成するラジカルの吸収スペクトルとモル吸光係数
G. V. Buxton, *et al*.: J. Phys. Chem. Ref. Data **17** (1988) 513.

反応(5.11)は金属イオンの還元反応の一般式である．しばしば金属イオンを還元し，金属原子の形成も観測される．

　反応(5.12)は酸素分子との反応で，$O_2^{\cdot-}$（スーパーオキシドラジカル）を形成する．$O_2^{\cdot-}$は活性酸素の一つであり，$H^+ + O_2^{\cdot-} \rightleftarrows HO_2\cdot$の平衡を示す．$HO_2\cdot$はpK 4.9 であることから，中性水溶液中では$O_2^{\cdot-}$，酸性では$HO_2\cdot$の化学形で存在する．

　反応(5.13)は有機ハロゲン化物との反応で，**解離的電子付着反応**とよばれるもので，一般的には反応(5.14)で示される．多くの場合，中間体としてのアニオンの寿命は非常に短い．

表 **5.3**　水和電子の典型的な反応

無機物	10^{10} $(\mathrm{L\,mol^{-1}\,s^{-1}})$	生成物	有機物	10^{10} $(\mathrm{L\,mol^{-1}\,s^{-1}})$	生成物
O_2	1.9	$O_2{}^{\cdot-}$	C_6H_6	1.2×10^{-3}	$+H_2O\rightarrow$ $C_6H_7+OH^-$
H_3O^+	2.3	$\cdot H + H_2O$			
$NH_4{}^+$	$<2\times10^{-4}$	$\cdot H + NH_3$	C_6H_5Cl	5×10^{-2}	$\cdot C_6H_5 + Cl^-$
Ag^+	3.6	Ag^0	C_6H_5I	1.2	$\cdot C_6H_5 + I^-$
$Cd_2{}^+$	5	Cd^+	$CH_2{=}CH_2$	$<2.5\times10^{-4}$	
$In_3{}^+$	5.6	In^{2+}	$CH_2{=}CCl_2$	2.3	$CH_2\dot{C}Cl + Cl^-$
$NO_3{}^-$	1.0	$\cdot NO_3{}^{2-} + 2H_2O$ $\rightarrow\ \cdot NO_2 + 2OH^-$	CH_4	$<10^{-3}$	
			CH_3I	1.7	$\cdot CH_3 + I^-$
H_2O	1.6×10^{-9}		CH_3OH	$<10^{-6}$	

Radiation Chemistry, Principle and Application, eds. by Farhataziz and M. A. Rodgers (VCH Publishers, 1987) p. 337.

　水和電子は強い還元剤で，反応(5.15)のように，水をゆっくりではあるが還元する．

　水和電子と一酸化二窒素(N_2O)との反応は重要である．それは一酸化二窒素が水和電子と特異的に反応し，不安定な付加物，$N_2O^{\cdot-}$を経て酸化性の・OH ラジカルを与えるからである．

$$e_{aq}^- + N_2O \longrightarrow [N_2O^{\cdot-}] \longrightarrow N_2 + O^{\cdot-} \qquad k = 9.1\times10^9\,\mathrm{L\,mol^{-1}\,s^{-1}} \qquad (5.16)$$

$$O^{\cdot-} + H_2O \longrightarrow \cdot OH + OH^- \qquad k = 1\times10^6\,\mathrm{L\,mol^{-1}\,s^{-1}} \qquad (5.17)$$

還元性の水和電子をこの反応で酸化性の・OH ラジカルに変換することで，大部分のラジカルが・OH となる系を実現できる．・H 原子は・OH ラジカルの 1 割以下となる．N_2O の溶解度は室温で $25\,\mathrm{mmol\,L^{-1}}$であり，この反応速度定数，$9.1\times10^9\,\mathrm{L\,mol^{-1}\,s^{-1}}$を用いると捕捉能は $2.3\times10^8\,\mathrm{s^{-1}}$ となるから，4 ns で水和電子は N_2O と反応し，$O^{\cdot-}$ラジカルに変換される．速い反応なので，スパー反応に影響し，・OH ラジカルの G 値は水和電子と・OH ラジカルのプライマリー G 値の和，$2.6+2.7=5.3/100\,\mathrm{eV}$，よりも大きな値，$6.1/100\,\mathrm{eV}$ となる．さらに生成 N_2 量から，反応した水和電子の量を決定することもできる．なお，・H 原子と一酸化二窒素との反応でも・OH ラジカルを生成するが，反応速度定数は，$2.1\times10^6\,\mathrm{L\,mol^{-1}\,s^{-1}}$で反応性は低い．

$$\cdot H + N_2O \longrightarrow N_2 + \cdot OH \qquad k = 2.1\times10^6\,\mathrm{L\,mol^{-1}\,s^{-1}} \qquad (5.18)$$

5.2.2 ·OH ラジカル

·OH ラジカルも主要な水の放射線分解生成物の一つであり，強い酸化剤で，その標準酸化還元電位は 2.72 V である．

$$\cdot OH + M^{n+} \longrightarrow M^{(n+1)+} + OH^- \tag{5.19}$$

$$\cdot OH + Cl^- \longrightarrow OHCl^{\cdot-} \qquad\qquad k = 4.3\times10^9\,L\,mol^{-1}\,s^{-1} \tag{5.20}$$

$$\cdot OH + X^- \longrightarrow OHX^{\cdot-} \longrightarrow X\cdot + OH^- \tag{5.21}$$

式(5.19)は金属イオンの酸化で，反応(5.20)はハロゲン化物イオンとの反応で生成する中間体である．ラジカルの反応としては，(a) ラジカルとの結合反応，(b) 二重結合への付加，(c) 水素原子の引抜きがある．表 5.4 に·OH ラジカルの典型的な反応の速度定数を示す．

·OH ラジカルの吸収スペクトルは図 5.5 に示すように，紫外領域でモル吸光係数も小さく，照射時に石英セルに生成するカラーセンターや水和電子の裾野の吸収と重なり，パルスラジオリシスでの測定は容易ではない．

·OH ラジカルは水素ガス加圧下で以下の反応を用いて，還元性の·H 原子に変換することもできる．

$$\cdot OH + H_2 \longrightarrow \cdot H + H_2O \qquad\qquad k = 4.2\times10^7\,L\,mol^{-1}\,s^{-1} \tag{5.22}$$

室温の水素ガスの溶解度から算出すると 100 atm 加圧下で水中の水素濃度は 80 mmol L^{-1} となるので，捕捉能は 3.4×10^6 s^{-1} と算出できる．この系では水和電子 G 値は 2.6/100 eV，·H 原子の G 値は 2.7＋0.55＝3.25/100 eV となる．

表 5.4　·OH ラジカルの典型的な反応

無機物	反応速度定数 k (10^7 L mol^{-1} s^{-1})	生成物	有機物	反応速度定数 k (10^7 L mol^{-1} s^{-1})	生成物
Br$^-$	110	BrOH$^{\cdot-}$	(CH$_3$)$_2$CO	8.5	CH$_3\dot{C}$H$_2$CO
CO	45	$\cdot$CO$_2$H	c-C$_6$H$_6$	530	c-$\dot{C}_6$H$_6$(OH)
HCO$_3^-$	1.25	CO$_3^{\cdot-}$	n-C$_4$H$_9$OH	390	$\dot{C}_4$H$_8$OH
CO$_3^{2-}$	41	CO$_3^{\cdot-}$	t-C$_4$H$_9$OH	51	C(CH$_3$)$_2\dot{C}$H$_2$OH
Ce^{3+}	7.2	Ce^{4+}	CH$_2$=CH$_2$	180	CH$_2$OH$\dot{C}$H$_2$
CNS$^-$	1100	CNS$\cdot$	CH$_4$	24	$\cdot$CH$_3$
Cu^{2+}	35	CuOH^{2+}	CH$_3$OH	84	$\cdot$CH$_2$OH
Fe^{2+}	35	Fe^{3+}	C$_2$H$_5$OH	190	CH$_3\dot{C}$HOH

J. W. T. Spinks and R. W. Woods: *An Introduction to Radiation Chemistry* (John Wiley & Sons, 1976) pp. 286-288.

5.2.3 ・H 原 子

H 原子は水和電子より弱い還元剤で, その標準酸化還元電位は $-2.3\,V$ である. 酸化還元反応のほか, ラジカルとしての反応として, (a) ラジカルとの反応, (b) 二重結合への付加, (c) 水素原子の引抜きがある. 表5.5に H 原子の典型的な反応の速度定数を・OH ラジカルと比較して示す.

図5.5に示すように, ・H 原子の吸収スペクトルも紫外領域に存在し, モル吸光係数は小さく, ・OH ラジカルと同様にパルスラジオリシスでの直接測定は容易ではない.

5.2.4 pH 依 存 性

水分解生成物の G 値の pH 依存性を図5.6に示す. その G 値は強い酸, アルカリ領域では変化するが, 広い領域で一定の値である. したがって, 通常の条件では表5.2に示すプライマリー G 値を使用することができる.

5.2.5 物 質 収 支 式

水の分解反応は以下のようにまとめられる.

$$H_2O \ \text{---}\bigvee\bigvee\text{---} \ e_{aq}^-, H_3O^+, \cdot H, \cdot OH, H_2, H_2O_2, HO_2\cdot \ \cdots \qquad (5.10)$$

各種生成物は水分子から発生する. 生成物の G 値と水分解の G 値との間には物質収支を満足する関係が必要となるから, これらから重要な関係式を導出するこ

表 5.5 ・OH ラジカルと・H 原子の典型的な反応の速度定数

反応物	反応の種類	・OH $(10^7\,L\,mol^{-1}\,s^{-1})$	・H $(10^7\,L\,mol^{-1}\,s^{-1})$
$CH_2=CHCONH_2$	付加反応	450	1800
C_6H_6	付加反応	530	53
$C_6H_5NO_2$	付加反応	340	170
C_2H_5OH	水素引抜き	180	1.7
CH_3OH	水素引抜き	84	0.16

Radiation Chemistry, Principle and Applications, eds. by Farhataziz and M. A. Rodgers (VCH Publichers, 1987) p. 339.

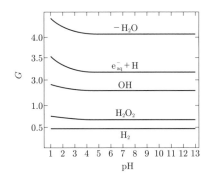

図 **5.6** 水分解生成ラジカル収量 G 値の pH 依存性
Radiation Chemistry, Principle and Applications, eds.
by Farhataziz and M. A. Rodgers（VCH Publishers,
1987）p. 333.

とができる．電荷の保存から，水和電子とプロトンの収量は等価となる．これら
は，まとめて水素原子として扱うことができる．$HO_2 \cdot$の収量が無視できる場合，
生成物の H 原子の総数と O 原子の総数を計算すると，

$$H 原子の総数 = G_{e_{aq}^-} + G_H + G_{OH} + 2G_{H_2} + 2G_{H_2O_2} \tag{5.23}$$

$$O 原子の総数 = G_{OH} + 2G_{H_2O_2} \tag{5.24}$$

水分子は H と O が 2：1 で構成されているので，この関係を用い，O の総数が
水分子の分解量に等しいことから，以下の関係が成立する．

$$G_{-H_2O} = G_{e_{aq}^-} + G_H + 2G_{H_2} = G_{OH} + 2G_{H_2O_2} \tag{5.25}$$

G_{HO_2}も考慮する場合は，同様にして，

$$G_{-H_2O} = G_{e_{aq}^-} + G_H + 2G_{H_2} - G_{HO_2} = G_{OH} + 2G_{H_2O_2} + 2G_{HO_2} \tag{5.26}$$

となる．

　これらの関係を用いることにより，生成物のすべての G 値が得られていない
場合でも，残りの G 値を決定することができる．

5.2.6　水和電子の先駆体とその反応性

　ピコ秒の時間分解能のパルスラジオリシスの実験で種々の溶質の水和電子との
反応性が検討された．添加量増大とともに水和電子の寿命が短くなることから，

水和電子と溶質の反応性を測定できる．ところが，ある種の溶質では，水和電子寿命が短くなるばかりではなく，初期収量も減少することから，水和電子を形成する前の状態の電子と溶質との反応が生じていることが見出された．これは溶媒和する前の電子，水和電子の先駆体が溶質と反応していることを示している．初期収量の減少は $\exp(-[S]/C_{37})$ に従う．C_{37} は初期収量が $1/e$，すなわち 37% に減少する濃度で，これを使って種々の捕捉剤の反応性を示すことができる．表 5.6 は種々の捕捉剤の水和電子の先駆体との反応性をまとめたものである[3]．

フェムト秒レーザー光の多光子吸収による水和電子の生成過程の観測で，可視光領域に吸収極大をもつ通常の水和電子のスペクトルが現れる前の 1 ps 以下の時間では，赤外領域に吸収が存在し，これが水和電子に変化することから，溶媒和前の電子，**溶媒和前電子**が存在することが確認された(図 5.7)[4]．放射線パルス照射でイオン化により生成する電子は，さまざまな溶媒中で観測され(図 6.1 参照)，溶媒和電子として知られている．アルコール中でも溶媒和電子が存在し，溶媒和電子が生成する前の溶媒和前電子も観測されている．

5.3　水溶液中の反応

通常は，純水ではなく，水に何らかの溶質が溶け込んでいる水溶液が検討の対象になる場合が多い．たとえば，Fricke 線量計，セリウム線量計はそれぞれの金属イオンの水溶液中での放射線反応を利用している．ここでは，アルコール水溶液の放射線反応について紹介し，これを踏まえて水溶液中の反応について検討する．

表 5.6　種々の捕捉剤と水和電子先駆体との反応性

溶 質	C_{37} (mol L^{-1})	溶 質	C_{37} (mol L^{-1})
K$_2$CrO$_4$	0.2±0.05	NaBrO$_3$	1.3±0.2
Cd(ClO$_4$)$_2$	0.35±0.05	(CH$_3$)$_2$CO, アセトン	1.4±0.2
NaNO$_3$	0.45±0.05	NaNO$_2$	1.6±0.2
CCl$_3$COOH	0.5±0.1	CH$_2$ClCOOH	6±1
K$_2$S$_2$O$_8$	0.6±0.2	ZnSO$_4$	8±1
HSCH$_2$CH$_2$NH$_2$, システアミン	1.1±0.2	HClO$_4$	>15

H. Hunt: Adv. Radiat. Chem. **5** (1976) 185.

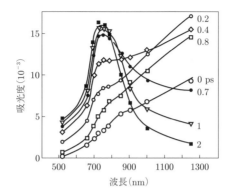

図 **5.7** フェムト秒レーザー光の多光子吸収測定による水和電子の吸収生成前のピコ秒時間領域での溶媒和前電子の吸収挙動. 数字は ps 単位.
A. Migus, *et al.*: Phys. Rev. Lett. **58** (1987) 1559.

5.3.1 アルコール水溶液中の反応

数十 mmol L^{-1}のメタノールの酸性水溶液を想定する. 酸性であるので, 反応 (5.4)により水和電子はヒドロニウムイオンと反応して H 原子に変換されるので, 水和電子は考慮しなくてよい. 照射により生成した・H, ・OH は反応(5.27), (5.28) で・CH$_2$OH ラジカルを生成する. 一部 OH 基の水素も引抜きを受けるが, CH$_3$O・ ラジカルは反応性に富み, 他のアルコール分子から水素引抜きを行い, 反応 (5.29)で・CH$_2$OH ラジカルに変換されると考えられる.

$$e_{aq}^- + H_3O^+ \longrightarrow \cdot H + H_2O \qquad k = 2.3 \times 10^{10} \, \text{L mol}^{-1} \text{s}^{-1} \quad (5.4)$$

$$\cdot H + CH_3OH \longrightarrow H_2 + \cdot CH_2OH \qquad k = 2.6 \times 10^6 \, \text{L mol}^{-1} \text{s}^{-1} \quad (5.27)$$

$$\cdot OH + CH_3OH \longrightarrow H_2O + \cdot CH_2OH \qquad k = 9.7 \times 10^8 \, \text{L mol}^{-1} \text{s}^{-1} \quad (5.28)$$

$$CH_3O \cdot + CH_3OH \longrightarrow CH_3OH + \cdot CH_2OH \qquad\qquad (5.29)$$

水の分解生成物は溶質のメタノール由来のラジカルに変換される. このラジカル は再結合反応, あるいは不均化反応で消滅する.

$$\cdot CH_2OH + \cdot CH_2OH \longrightarrow (CH_2OH)_2 \qquad\qquad (5.30), (2.19)$$

$$k = 2.4 \times 10^9 \, \text{L mol}^{-1} \text{s}^{-1}$$

$$\longrightarrow CH_3OH + CH_2O \qquad\qquad (5.31), (2.20)$$

最終生成物として, (CH$_2$OH)$_2$, エチレングリコールと CH$_2$O, ホルムアルデヒ

ドが生成する.

上の反応をもとにして,Fricke 線量計で用いた酸性系での G 値を適用して,水素分子の発生 G 値を評価すると,

$$G(\text{H}_2) = G_{\text{H2}} + G_{\text{e}^-_{\text{aq}}} + G_{\text{H}} = 0.45 + 3.7 = 4.15/100\,\text{eV} \tag{5.32}$$

となる.また,エチレングリコールとホルムアルデヒドの G 値の和は,$G_{\text{e}^-_{\text{aq}}} + G_{\text{H}}$ と G_{OH} の和の半分なので,

$$G((\text{CH}_2\!\cdot\!\text{OH})_2 + \text{CH}_2\text{O}) = \frac{(G_{\text{e}^-_{\text{aq}}} + G_{\text{H}} + G_{\text{OH}})}{2} = \frac{(3.7 + 2.9)}{2}$$
$$= 3.3/100\,\text{eV} \tag{5.33}$$

と推定される.

以上は,水溶液に酸素が存在しない,脱気系の反応である.酸素が存在すると反応に酸素が加わり,様相が一変する.・OH と・H はアルコールからの水素引抜き反応を起こす.・H と酸素の反応は引抜き反応よりも 500 倍速いので,HO_2 生成が優先する.これらは以下の反応で最終的に H_2O_2 と CH_2O になる.

$$\cdot\text{CH}_2\text{OH} + \text{O}_2 \longrightarrow \cdot\text{O}_2\text{CH}_2\text{OH} \qquad k = 4.2\times10^9\,\text{L mol}^{-1}\,\text{s}^{-1} \tag{5.34}[5]$$

$$2\cdot\text{O}_2\text{CH}_2\text{OH} \longrightarrow 2\text{CH}_2\text{O} + \text{H}_2\text{O}_2 + \text{O}_2 \quad 2k = 2.1\times10^9\,\text{L mol}^{-1}\,\text{s}^{-1} \tag{5.35}[5]$$

$$\cdot\text{H} + \text{O}_2 \longrightarrow \text{HO}_2\cdot \qquad k = 2.1\times10^{10}\,\text{L mol}^{-1}\,\text{s}^{-1}$$
$$\tag{5.36}, (1.3)$$

$$2\text{HO}_2\cdot \longrightarrow \text{H}_2\text{O}_2 + \text{O}_2 \qquad k = 8.3\times10^5\,\text{L mol}^{-1}\,\text{s}^{-1} \tag{5.37}[6]$$

$G(\text{H}_2\text{O}_2)$ は G_{H2}, $G_{\text{e}^-_{\text{aq}}}$, G_{H} と $G_{\text{H}_2\text{O}_2}$ の和であり,$G(\text{CH}_2\text{O})$ は G_{OH} と等しい.

$$G(\text{H}_2\text{O}_2) = \frac{(G_{\text{H2}} + G_{\text{e}^-_{\text{aq}}} + G_{\text{H}})}{2} + G_{\text{H}_2\text{O}_2} = 3.3 + 0.8$$
$$= 4.1/100\,\text{eV} \tag{5.38}$$

$$G(\text{CH}_2\text{O}) = G_{\text{OH}} = 2.7/100\,\text{eV} \tag{5.39}$$

エタノール水溶液での実験値[7]を表 5.7 に示す.エタノールもメタノールも反応はほぼ同じで,エタノール由来の生成物は 2,3-ブタンジオール($\text{CH}_3\text{CH}(\text{OH})$-$\text{CH}(\text{OH})\text{CH}_3$)とアセトアルデヒド($\text{CH}_3\text{CHO}$)である.生成物の G 値は上で推定した値によく一致することがわかる.

水溶液の放射線分解では,はじめに水の分解によってラジカル生成するが,これらは反応性が高く,溶質を選択的に攻撃し分解することになる.上の例では,アルコールの分解を引き起こす.有害物質を含む水の照射を行うことにより,有害物質の分解が可能であれば,放射線による水の浄化技術として有効に利用でき

表 5.7　酸性エタノール水溶液の放射線分解生成物 G 値
3.4×10⁻²M エタノール，pH 1.2

生成物	G（生成物）（/100 eV)	
	O₂なし	O₂飽和
H₂	4.2	≈0.6
H₂O₂	≈0.6	4.15
CH₃CHO	1.9	2.6
グリコール (2,3-ブタンジオール)	1.65	0

J. W. T. Spinks and R. W. Woods: *An Introduction to Radiation Chemistry* (John Wiley & Sons, 1976) p. 319.

る可能性もある．

　対象が生体系であれば，水の分解生成ラジカルが構成要素としての生体物質を損傷することになり，生体の放射線効果の初期過程を反映することとなる．

5.3.2　希薄溶液と濃厚溶液

　5.1.2 項で述べたように，溶質濃度の低い水溶液中では，溶質と水分解生成ラジカルとが反応し，溶質由来のラジカルが生成する．その反応の速度定数を k，溶質濃度を[S]とすると，捕捉能が $k[S] \leq 10^7 s^{-1}$ の場合は，溶質濃度によらずその収量はプライマリー収量に等しい．スパー反応が終了し，系内に均一に分布した水分解ラジカルすべてが溶質により捕捉されることになるからである．溶質濃度が増大し，その捕捉能が $10^7 s^{-1}$ より大きくなると，スパー反応と捕捉反応とが競合し，反応収量はプライマリー収量より増大することになる．

　低濃度では，水が大部分で，放射線のエネルギーは水に吸収され，水分解が優先的に進行し，そこで生成する水分解生成ラジカルの反応が主要な役割を果たす．一方で，溶質濃度が増大し数 mol L⁻¹ にも到達すると，溶質自身と放射線の相互作用を考慮せねばならない．放射線と物質との相互作用は突き詰めれば物質中の電子と放射線の相互作用であることから，水と溶質への放射線エネルギーの分配比は，水と溶質の電子分率で決まる．電子分率は単位体積中の水分子と溶質分子の電子の総量比を表し，水のモル濃度を M_w，溶質のモル濃度を M_S とし，水と溶質の 1 分子中の電子数を N_w，N_S とすれば，水と溶質の電子分率，f_w と

f_S は，以下のようになる．

$$f_W = \frac{M_W N_W}{(M_W N_W + M_S N_S)} \tag{5.40}$$

$$f_S = \frac{M_S N_S}{(M_W N_W + M_S N_S)} \tag{5.41}$$

たとえば 1 mol L^{-1} の HNO$_3$ 水溶液中の硝酸分子の電子分率は 6% 程度と計算される．したがって，数 mol L^{-1} を超える濃厚溶液では，水の分解と同時に，放射線による溶質の直接分解，いわゆる直接効果を考慮しなければならない．それに対し，通常の溶質濃度での放射線効果は，水の放射線分解ラジカルが溶質と反応して生じるので，これを間接効果とよんでいる．

5.3.3　生体中の放射線反応の初期過程

　生体は 70% 前後の水で構成されているので，生体の放射線効果は，水分子の分解からの反応による間接効果と，放射線と生体分子そのものの反応，すなわち直接効果の二つから構成される．

　DNA は塩基，糖，リン酸基から構成され，これらは二重結合を含む有機物であり，間接効果においては，水分解由来の・OH ラジカルが DNA の損傷に深く関わっている．・OH ラジカルは DNA の構成要素に対して，水素原子の引抜き，二重結合への付加，酸化，加水分解反応などを引き起こし，1 本鎖切断，2 本鎖切断，チミンの二量体，架橋の生成などさまざまな DNA の化学変化を誘起する．これらが DNA 損傷の最初の過程である．これらの変化は，放射線の LET に強く依存すると考えられている．

5.4　放射線反応のデータベースとシミュレーション

　水分解生成ラジカルの G 値やさまざまな物質との反応性については，これまでに多くのデータの蓄積があるので，水溶液中では放射線効果の定量的な議論ができる．これらのデータは放射線生物，環境科学，原子力工学などの数多くの分野に活用できる．反応速度定数は，データベース NDRL/NIST Solution Kinetics Database（http://kinetics.nist.gov/solution/）にまとめられ，インターネットを介して活用できる．

6 液体有機物の放射線化学

本章では室温で液体の有機物，シクロヘキサンや n-ヘキサンなどの飽和炭化水素や，ベンゼン，トルエンなどの芳香族炭化水素を対象に，誘起される放射線化学反応について議論する．

6.1 有機物中の反応初期過程

有機物を RH_2 で表現し，放射線照射で生じる励起状態を RH_2^* と記すこととする．生成物はスパーとよばれる局所的な空間に生成すると考えられるので，[ ]内に化学種を記して，スパー内に存在する化学種を示す．

$$RH_2 \longrightarrow\!\!\!\bigwedge\!\!\!\bigwedge\!\!\!\longrightarrow [RH_2^*, RH_2^{\cdot+}, e^-] \tag{6.1}$$

生成した正イオン，$RH_2^{\cdot+}$ は，イオンの分解による H や H_2 の放出，スパーからの離脱，イオン分子反応，**ジェミネートイオン再結合反応（対再結合）**などを誘起すると考えられている．これらの反応は式(6.2)〜(6.6)に対応する．ジェミネートイオンとは，同じ原子や分子から生じた正イオンと電子を示し，この間での再結合をジェミネートイオン再結合反応，あるいは対再結合とよぶ．それに対し，イオンと電子間に相関がなくなった場合の再結合をバルク再結合とよび，区別している．

$$[RH_2^{\cdot+}] \longrightarrow [RH^+, H\cdot] \tag{6.2}$$
$$\longrightarrow [R^+ + H_2] \tag{6.3}$$
$$\longrightarrow RH_2^{\cdot+} \tag{6.4}$$
$$[RH_2^{\cdot+} + RH_2] \longrightarrow [RH_3^+ + RH\cdot] \tag{6.5}$$
$$[RH_2^{\cdot+} + e^-] \longrightarrow [RH_2^*] \tag{6.6}$$

正イオンとともに生じる電子は溶媒和電子，e_{sol}^- を形成する．溶媒和電子は溶媒分子との相互作用により，溶媒中に安定に存在する構造を形成した電子である．

$$e^- + nRH_2 \longrightarrow e_{sol}^- \tag{6.7}$$

励起状態は，励起エネルギーを散逸して反応せずに基底状態へ緩和，水素原子とラジカル，あるいは二重結合と H_2 生成を生じたりする．R(=)は二重結合をもつ

化学種を示す.

$$[RH_2{}^*] \longrightarrow [RH_2] \tag{6.8}$$
$$\longrightarrow [RH\cdot + \cdot H] \tag{6.9}$$
$$\longrightarrow [R(=)+H_2] \tag{6.10}$$

スパー内に生じたラジカル対は再結合したり,スパーからの拡散,離脱を起こしたりする.

$$[RH\cdot + \cdot H] \longrightarrow [RH_2] \tag{6.11}$$
$$\longrightarrow RH\cdot + \cdot H \tag{6.12}$$

[ ]はスパー内の反応であり,10^{-11} s 以下の時間で起こると考えられている.

スパーから離脱した化学種は相互に反応し,中和反応による H・や H_2 の生成,水素引抜き,ラジカルの再結合,不均化反応を引き起こす.これらの反応は式(6.13)~(6.17)に対応する.

$$RH_3{}^+ + e^-{}_{sol} \longrightarrow RH_2 + \cdot H \tag{6.13}$$
$$\longrightarrow RH\cdot + H_2 \tag{6.14}$$
$$\cdot H + RH_2 \longrightarrow RH\cdot + H_2 \tag{6.15}$$
$$2RH\cdot \longrightarrow RH\text{-}RH \tag{6.16}$$
$$\longrightarrow RH_2 + R(=) \tag{6.17}$$

イオンは分解,イオン分子反応,対再結合,スパーから逃れたのちにフリーになったり,中和したりする.また,励起状態は基底状態に戻ったり,分解したり,ラジカルや不飽和結合を形成する.ラジカルはもとの分子の再生,二量体化,不均化反応を起こす.これらは想定される反応を列挙したものであるが,実際の対象ではこのうちのいくつかの反応が優先的に進行するものと考えられる.

カチオン($RH_2{}^{\cdot+}$)は寿命も短く,観測が容易でないことから,その挙動は十分に理解されていない.一方,電子は水中の水和電子と同様,溶媒中で溶媒和電子として存在する.その吸収スペクトルは溶媒の種類により可視領域から赤外領域に存在することが知られている.図 6.1 は各種溶媒中で観測された溶媒和電子の吸収スペクトルとモル吸光係数をまとめたものである[1].水やアルコールでは吸収は可視領域に存在する.分子の極性の減少に従い,溶媒和電子の吸収スペクトルは長波長にシフトしていき,アミン,エーテルとなるに従い 2000 nm に吸収ピークはシフトする.同時に,モル吸光係数もシフトに従い増大する傾向を示す.飽和炭化水素中では 2000 nm より長波長領域で電子が観測される.

アルコール中では水和電子同様に溶媒和電子が観測できる.溶媒和前の電子が

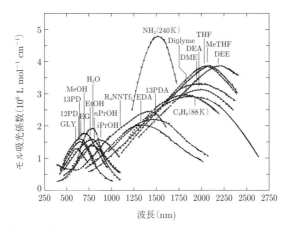

図 6.1 各種溶媒中の溶媒和電子の吸収スペクトル

GLY：glycerol, 12PD：propane-1,2-diol, 13PD：propane-1,3-diol, EG：ethylene glycol, MeOH：methanol, EtOH：ethanol, nPrOH：n-propylalcohol, iPrOH：iso-propylalcohol, R_4NNTf$_2$：methyl-tributyl-ammonium bis[trifluoromethyl-sulfonyl] imide, EDA：ethane-1,2-diamine, 13PDA：propane-1,3-diamine, NH$_3$：ammonia, C$_3$H$_8$：propane, Diglyme：diethyleneglycol dimethyl ether, DME：dimethylether, DEA：diethanolamine, THF：tetrahydrofuran, MeTHF：methyltetrahydrofuran, DEE：diethylether.

Radiation Chemistry from Basics to Applications in the Material and Life Science, eds. by M. Spotheim-Maurizot, M. Mostafavi, T. Douki and J. Belloni (EDP Sciences, 2008) p. 40.

赤外領域に存在し，それが時間の経過とともに溶媒和電子に移行することが，アルコールの低温でのパルスラジオリシスの測定から観測されている.

　溶質が存在し，溶媒より低いイオン化ポテンシャルあるいは低い励起レベルをもつ場合は，電荷移動あるいはエネルギー移動が起こり，溶質の正イオン，励起状態が生まれる.

$$RH_2^{\cdot+} + S \longrightarrow RH_2 + S^{\cdot+} \tag{6.18}$$

$$RH_2^* + S \longrightarrow RH_2 + S^* \tag{6.19}$$

このような性質をもつ S はイオンの収率や励起状態生成収量の評価に有効な，イオンや励起状態の**捕捉剤**である. 励起状態の捕捉剤は**消光剤**とよばれる.

　液体芳香族，飽和炭化水素中で励起状態が重要な役割を果たすことが知られているが，極性の有機物，あるいは水溶液では励起状態の生成量は少なく，励起状態はあまり重要視されていない. 励起状態は式(6.1)による直接，式(6.6)による

表 **6.1** 室温，液体芳香族，飽和炭化水素中の一重項，三重項励起
状態の生成 G 値

溶　媒	G(一重項)* $(/100\,\mathrm{eV})$	G(三重項)* $(/100\,\mathrm{eV})$
シクロヘキサン	1.45	—
ジシクロヘキシル	3.4	—
ベンゼン	1.6	4.2
トルエン	1.35	2.8

Radiation Chemistry, Principle and Applications, eds. by Farhataziz
and M. A. Rodgers（VCH Publishers, 1987）p. 362.

ジェミネート再結合，Cerenkov(チェレンコフ)光による励起などによって生ず
ると考えられている．飽和炭化水素，芳香族炭化水素中での励起状態生成 G 値
は，その発光の測定，溶質へのエネルギー移動からの生成量測定にもとづき評価
されている．飽和炭化水素中では三重項励起状態は寿命が短く収量は小さい．そ
れに対し，芳香族の三重項励起状態収量は発光や溶質へのエネルギー移動量から
評価されている．その一例を表 6.1 にまとめておく[2]．一重項，三重項励起状態
の G 値を各々 G(一重項), G(三重項)と記す．

6.2　イオン化：正イオンと電子

　液相炭化水素のイオン化の G 値については正確な値は知られていない．しか
し，気相でのイオン化において，一イオン対生成に必要なエネルギー，W 値は
多くの有機物ガスでは 25 eV 程度であることが知られている．この値を当ては
めると，液相でのイオン化の G 値は 4〜5/100 eV と想定され，この値をイオン
化の総量という意味で G_T と記す．

6.2.1　Onsager 距離

　液相中の正イオンと電子の間の距離を r とし，Coulomb(クーロン)エネルギー
と熱エネルギーが等しくなる距離を Onsager(オンサガー)距離，r_c とよぶ．

$$kT = \frac{e^2}{4\pi\varepsilon_0\varepsilon_\mathrm{r}r_\mathrm{c}} \tag{6.20}$$

表 **6.2**　各種液体の室温での Onsager 距離

液　体	r_c(nm)	液　体	r_c(nm)
ネオペンタン	32	エチルアミン	8.1
テトラメチルシラン	31	テトラヒドロフラン	7.7
n-ヘキサン	30	ベンジルアルコール	4.4
シクロヘキサン	28	n-プロパノール	2.8
シクロヘキセン	26	アセトン	2.8
ジオキサン	26	エタノール	2.3
ベンゼン	25	ベンゾニトリル	2.2
四塩化炭素	25	メタノール	1.7
トルエン	24	アセトニトリル	1.5
クロロホルム	12	水	0.7

$$r_c = \frac{e^2}{4\pi\varepsilon_0\varepsilon_r kT} \tag{6.21}$$

ここで，r_c の単位は m，e は 1.602×10^{-19} C，ε_0 は真空の誘電率で 8.854×10^{-12} F m^{-1}，ε_r は比誘電率，k は Boltzmann（ボルツマン）定数 1.381×10^{-23} J K^{-1}，T（K）は系の絶対温度である．Onsager 距離はイオンの熱エネルギーと Coulomb ポテンシャルが釣り合う地点で，イオン間で Coulomb 力の届く特性距離を表している．

室温での液体飽和炭化水素の比誘電率は 2 程度であるのに対し，水では 78 である．これと上に示した数値を用いてそれぞれの Onsager 距離を計算すると，各々 29, 0.7 nm となる．正イオンと電子の Coulomb 力は液体飽和炭化水素中では 29 nm もの距離まで届くのに対し，水中では 0.7 nm で，Onsager 距離以上離れると急激に相手を感じなくなる．表 6.2 に各種液体中での室温での Onsager 距離の一覧を示す．

6.2.2　ジェミネートイオンとフリーイオン

Onsager は初期のイオン間の距離が r_0 のとき，長時間経過後，イオンがお互いの Coulomb 場を逃れて自由になる確率，**逃散確率**を以下のように与えた．

$$W(r) = e^{-\frac{r_c}{r_0}} \tag{6.22}$$

表 6.3 に典型的な液体炭化水素と水中での初期のイオン間距離と逃散確率を計算したものを示す．$r_0 = r_c$ のとき，逃散確率は 0.368 となる．r_0 が r_c より大きくな

表 6.3　典型的な非極性有機物と水中でのイオン間距離と逃散確率

液体炭化水素($\varepsilon_\mathrm{r}=2$, $r_\mathrm{c}=29$ nm)		水中($\varepsilon_\mathrm{r}=78$, $r_\mathrm{c}=0.7$ nm)	
イオン間距離 r_0 (nm)	逃散確率 P	イオン間距離 r_0 (nm)	逃散確率 P
4	0.00071	0.7	0.368
6	0.0079	1	0.497
8	0.0266	2	0.705
10	0.050	4	0.839
20	0.235	10	0.933
29	0.368	20	0.966

ると逃散確率はこの値より増大し，逆に小さくなると減少する．1から逃散確率を引いた残りは正負イオンが再結合する割合を示すことになる．

　イオンの総量 G_T は，再結合するもの G_gi と，フリーになるもの G_fi の和で示すことができる．

$$G_\mathrm{T} = G_\mathrm{gi} + G_\mathrm{fi} \tag{6.23}$$

G_T あるいは G_gi を直接測定することは困難であるが，G_fi については測定可能で，外部から電場 E(V cm^{-1})を印加したとき，電極間に流れる電流の測定によって決定できる．電流は電子と正イオン(ホール)の数と各々の速度の積の和で与えられる．電場中での電子やホールの速度は外電場を用いて以下のように記述できる．

$$v = \mu E \tag{6.24}$$

$$D = \frac{\mu kT}{e} \tag{6.25}$$

ここで，電子や正イオンの速度 v(cm s^{-1})は外電場 E(V)に比例し，その比例定数を移動度 μ (cm^2 V^{-1} s^{-1})とよぶ．また，移動度と拡散係数の間には Stokes-Einstein(ストークス・アインシュタイン)の関係，式(6.25)が成立する．表6.4に室温飽和炭化水素中で測定された G_fi および電子と正イオンの移動度を示す[3]．

　イオン間の初期分布を $f(r)$ とすると，G_fi は以下のように表記でき，**初期分布**がわかればフリーイオン収率は計算できる．

$$G_\mathrm{fi} = G_\mathrm{T}\int_0^\infty f(r)e^{-\frac{r_\mathrm{c}}{r}}dr \tag{6.26}$$

表 **6.4** 室温飽和炭化水素中で測定されたフリーイオン G 値(G_fi)，電子と正イオン（ホール）と分子イオンの移動度

溶 媒	G_fi (/100 eV)	$\mu(-)$ ($\mathrm{cm^2\,V^{-1}\,s^{-1}}$)	$10^3\mu(+)$ ($\mathrm{cm^2\,V^{-1}\,s^{-1}}$)	$10^3\mu(\mathrm{S^+,S^-})/2$ ($\mathrm{cm^2\,V^{-1}\,s^{-1}}$)
シクロペンタン	0.16	0.92	—	0.58
シクロヘキサン	0.15	0.23	9.5	0.40
n-ヘキサン	0.13	0.071	—	1.1
ベンゼン	0.08	0.12	—	0.60
メチルシクロヘキサン	0.12	0.044	2.6	0.45
シクロオクタン	0.17	0.076	—	0.17
イソオクタン	0.33	5.3	—	0.84
t-デカリン	0.13	0.013	9.0	0.26
c-デカリン	0.13	0.10	2.0	0.17
テトラメチルシラン	0.74	100	—	1.2

The Study of Fast Processes and Transient Species by Electron Pulse Radiolysis, eds. by J. H. Baxendale and F. Busi（D. Reidel Publishing Company, 1981）p. 488.

6.2.3　WAS（Warman, Asmus and Schuler）式

Warman（ウォルマン），Asmus（アスムス）と Schuler（シュラー）はシクロヘキサンにさまざまな電子捕捉剤（CH_3Cl, CH_3Br, C_2H_5Br）を添加し，捕捉剤の添加濃度を $10^{-4}\,\mathrm{mol\,L^{-1}}$ から $0.5\,\mathrm{mol\,L^{-1}}$ に変えたときの捕捉剤由来のラジカル生成物（$\cdot CH_3$, $\cdot CH_3$, $\cdot C_2H_5$）の収量を測定し，以下の関係式が成り立つことを見出した．そのほかの捕捉剤のデータを含めたプロットの一例を図 6.2 に示す[4]．

$$G(R_\mathrm{s}) = G_\mathrm{fi} + G_\mathrm{gi}\frac{\{\alpha_\mathrm{s}[\mathrm{S}]\}^{\frac{1}{2}}}{1 + \{\alpha_\mathrm{s}[\mathrm{S}]\}^{\frac{1}{2}}} \tag{6.27}$$

彼らの頭文字を用いて，この式を WAS 式とよぶ．右辺第 1 項はスパー外反応で生じたラジカル，第 2 項はスパー内反応で生じたラジカルの収量を与える．捕捉剤濃度[S]のときのジェミネート再結合の割合を $F(S)$ とすると，捕捉剤に捕捉されることなくジェミネート再結合する割合は

$$F(S) = 1 - \frac{[G(R_\mathrm{s}) - G_\mathrm{fi}]}{G_\mathrm{gi}} = \frac{1}{[1 + \{\alpha_\mathrm{s}[\mathrm{S}]^{\frac{1}{2}}\}]} \tag{6.28}$$

で与えられる．捕捉剤と電子の反応速度定数を k，ジェミネート再結合の時間依存性を $f(t)$ とすると，

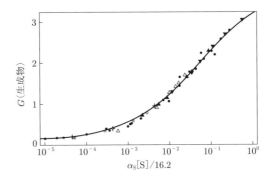

図 6.2　液体シクロヘキサン中の種々の捕捉剤からの生成
物収量の捕捉剤濃度依存性
G_{fi}=0.12/100 eV, G_{gi}=3.8/100 eV とし，α(CH$_3$Br)
=16.2 M^{-1}, α(CF$_3$Br)=19.5 L mol^{-1}, α(CF$_3$Cl)=6.0
L mol^{-1}, α(C$_2$F$_5$Br)=15.0 L mol^{-1}, α(C$_6$H$_5$CH$_2$Cl)
=16 L mol^{-1}, α(ND$_3$)=0.85 L mol^{-1}, α(c-C$_3$H$_6$)
=0.40 L mol^{-1} で横軸は規格化してある.
R. H. Schuler and P. P. Infelta: J. Phys. Chem. **76** (1972) 3812.

$$F(S) = \int_0^\infty f(t) \exp(-k[S]t)dt \tag{6.29}$$

$$\int_0^\infty f(t) \exp(-k[S]t)dt = \left(1 + \{\alpha_S[S]^{\frac{1}{2}}\}\right)^{-1} \tag{6.30}$$

となるが，ラプラス変換の関係を利用すると，ジェミネートイオン再結合の時間
挙動 $f(t)$ は以下のように表現される.

$$f(t) = \left(\frac{k}{\alpha}\right)\left[\left(\frac{\alpha}{\pi kt}\right)^{\frac{1}{2}} - \exp\left(\frac{kt}{\alpha}\right)erfc\left\{\left(\frac{kt}{\alpha}\right)^{\frac{1}{2}}\right\}\right] \tag{6.31}$$

ここで，$erfc(x)$ は**相補誤差関数**とよばれ，**誤差関数** $erf(x)=(2/\sqrt{\pi})\int_0^x e^{-t^2}dt$ を
用いて，$erfc(x)=1-erf(x)$ と定義される.

　さらに，$\lambda = k/\alpha$ とおけば，

$$f(t) = \lambda\left[\left(\frac{1}{\pi\lambda t}\right)^{\frac{1}{2}} - \exp(\lambda t)erfc\{(\lambda t)^{\frac{1}{2}}\}\right] \tag{6.32}$$

となる. ジェミネートイオン対の割合の変化は，

$$F(t) = \int_t^\infty f(t)dt \tag{6.33}$$

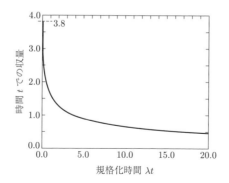

図 **6.3**　WAS 式にもとづくイオン付の時間変化
式(6.34)に G_{gi}=3.8 を乗じたもの. λt=20 は
1 ns に対応し, 20 ps で 50%に減衰する.
S. J. Rzad, *et al*.: J. Chem. Phys. **52** (1970) 3971.

なので,

$$F(t) = \exp(\lambda t)erf(\lambda t)^{\frac{1}{2}} \tag{6.34}$$

となり, $F(t)$が, 捕捉剤がないときのイオン対の寿命の分布を示すことになる.
G 値で表現する場合には, これに G_{gi}をかければよい. G_{gi}=3.8/100 eV として得
た計算例を図 6.3 に示す[5]. 実験での WAS 式を当てはめることにより, 溶媒和
電子やホールの時間挙動が得られている.

6.3　シクロヘキサンとベンゼン

　液体飽和炭化水素, 芳香物の代表としてシクロヘキサンとベンゼンの放射線分
解について述べる. これらは単一の C-H, C-C 結合で構成されているため, 考
察が容易であることから, 最も多くのデータが蓄積されている.

6.3.1　シクロヘキサン

　シクロヘキサンは飽和炭化水素の代表としてその放射線分解過程が最もよくわ
かっている. 生成物分析による生成物の一例を表 6.5 にまとめる[6]. 最も主要な

表 6.5 シクロヘキサンの放射線照射による生成物 G 値

生成物	G 値(/100 eV)	
	O_2が存在しないとき	O_2存在下
H_2	5.6	—
シクロヘキセン	3.2	1.49
ビシクロヘキシル	1.9	0.29
1-ヘキセン	0.5	0.26
シクロヘキサノール	—	3.17
シクロヘキサノン	—	2.63

J. W. T. Spinks and R. W. Woods: *An Introduction to Radiation Chemistry*
(John Wiley & Sons, 1976) p. 369.

生成物は水素であり，G 値は 5.6/100 eV という大きな値となる．他の主要生成物は二重結合が導入されたシクロヘキセン，シクロヘキサンのリングが二つ結合したビシクロヘキシルで，それぞれの G 値は 3.2, 1.8/100 eV となる．シクロヘキサンからシクロヘキセンやビシクロヘキシルが生じるとき，水素分子が一つ生成するので，$G(H_2) = G(C_6H_{10}) + G((C_6H_{11})_2)$ とすると $G(H_2) = 5.0$ /100 eV となり，$G(H_2) = 5.6$ /100 eV に近い値となる．これより，水素原子が離脱したシクロヘキサンのほとんどはシクロヘキセンやビシクロヘキシルになることが結論される．主要なラジカル中間体として**シクロヘキシルラジカル**($\cdot C_6H_{11}$)が電子線照射中の液相のシクロヘキサン中で ESR 測定や，パルスラジオリシス測定により観測されている．シクロヘキシルラジカルは以下の二量体化，不均化の反応でシクロヘキセン，ビシクロヘキシルになる．

$$2 \cdot C_6H_{11} \longrightarrow (C_6H_{11})_2 \qquad 二量体化 \qquad (6.35)$$
$$\longrightarrow C_6H_{10} + C_6H_{12} \qquad 不均化 \qquad (6.36)$$

それぞれの反応の相対比は生成物の収量比から 1.0：1.1 と評価されている．実験でのビシクロヘキシルの収量は 1.76/100 eV で，これは二量体化からしか生まれないので，一方のシクロヘキセンもほぼ同量の $1.76 \times 1.1 = 1.93$/100 eV で生成することが期待される．しかしながら，シクロヘキセン生成 G 値の実測は 3.2/100 eV なので，この過程以外から $3.2 - 1.93 = 1.27$/100 eV の寄与がある．これは励起状態の分解から得られると説明される．発光測定からの c-$C_6H_{12}{}^*$ の収量は 1.4/100 eV と評価されているので，一応つじつまの合う説明となっている．

捕捉剤効果，発光測定などから得られた分解過程の概要を図 6.4 に示す[7]．照

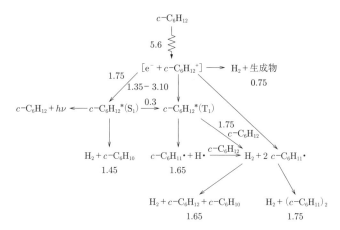

図 **6.4** 液体シクロヘキサン中での放射線分解過程の評価例
図中の数値は G 値/100 eV

L. Wojnarovits and J. A. LaVerne: J. Phys. Chem. **99**（1995）3168.

射により G 値総量 5.6/100 eV と評価される励起とイオン化を経て，G 値 5.6/100 eV で H_2 が生成するとともに，開環生成物である 1-ヘキセンが生じる．同時に最低励起一重項と最低励起三重項がそれぞれ G 値 1.75, 1.35〜3.1/100 eV で生成する．最低励起一重項状態の G 値のうち 0.3/100 eV 分は最低励起三重項に変換する．最低励起一重項状態の寿命は 1.2 ns で，大部分は H_2 と C_6H_{10} に分解する．最低励起三重項状態については，G 値 1.65/100 eV で・H 原子と・C_6H_{11}（シクロヘキシル）ラジカルを生成した後，・H 原子がシクロヘキサン分子から水素引抜きを行う過程と，G 値 1.75/100 eV で，励起状態が直接シクロヘキサン分子と反応し，H_2 と 2 倍の c-C_6H_{11}・ラジカルを生成する二つの過程が存在する．c-C_6H_{11}・ラジカルは G=1.65/100 eV の不均化反応で c-C_6H_{12} と c-C_6H_{10} になるか，あるいは G=1.75/100 eV で互いに結合して$(C_6H_{11})_2$（ビシクロヘキシル）になる．シクロペンタン，シクロオクタンの分解過程も同じような枠組みで理解できる．

　以上は系内に酸素が存在しないときの分解生成物であったが，酸素があると様相は一気に変化する．主要生成物の水素はほぼなくなり，シクロヘキセン，ビシクロヘキシルの収量は大きく減少し，その代わりに**シクロヘキサノール**と**シクロヘキサノン**が主要生成物となる．この変化は以下のように説明されている．

$$\cdot C_6H_{11} + O_2 \longrightarrow C_6H_{11}O_2\cdot \tag{6.37}$$

$$\cdot H + O_2 \longrightarrow \cdot HO_2 \tag{6.38}$$

$$2\,C_6H_{11}O_2\cdot \longrightarrow C_6H_{10}O + C_6H_{11}OH + O_2 \tag{6.39}$$

$$C_6H_{11}O_2\cdot + \cdot HO_2 \longrightarrow C_6H_{11}OOH + O_2 \tag{6.40}$$

酸素分子による，イオン化で生じた電子の捕捉，励起状態の消光などがどのように関わっているかについては今後の研究の課題である.

$$O_2 + e^- \longrightarrow O_2{}^{\cdot -} \tag{6.41}$$

$$C_6H_{12}{}^* + O_2 \longrightarrow C_6H_{12} + O_2 \tag{6.42}$$

酸素存在下ではアルコール，ケトンが生成されるが，これは有機物共通の酸化現象である.

　シクロヘキサン以外の液相飽和炭化水素の放射線分解についても主生成物は水素分子である．置換基が多い場合にはメタンの収量が増大することもある．C–H結合の解離でラジカルが生成する．C–H の結合エネルギーは H 原子の結合する炭素原子の種類に依存し，第一級>第二級>第三級炭素原子の順で結合エネルギーは減少することから，上とは逆の順序で切断されやすくなる．同じ傾向は C–C 結合でもみられる.

6.3.2 ベ ン ゼ ン

　ベンゼンは芳香族有機物の代表であり，その放射線分解過程が芳香族有機物の中で最もよくわかっている．生成物分析による生成物を表 6.6 にまとめる[6]．水素の発生 G 値は 0.04/100 eV 程度であり，飽和炭化水素と比べて著しく低いが，

表 **6.6** ベンゼン，トルエン，p-キシレンの放射線照射による生成物 G 値

芳香族	G 値(生成物) (/100 eV)		
	H_2	CH_4	$-M$
ベンゼン	0.039	0.019	0.94
トルエン	0.11	0.008	1.1
p-キシレン	0.21	0.014	1.1

J. W. T. Spinks and R. W. Woods: *An Introduction to Radiation Chemistry* (John Wiley & Sons, 1976) p. 388.

置換基が大きくなると増大する傾向がある. 分子の分解総量 G 値を $G(-M)$ で示すが, 1/100 eV 前後でこれも小さい. 放射線から吸収したエネルギーを何らかの非化学過程で放出していると考えられている.

ベンゼンでは放射線照射により一重項と三重項の励起状態が形成され, その G 値は各々 1.6, 4.2/100 eV と報告されている. 一重項励起状態は周囲のベンゼン分子とサンドイッチ状の励起状態, すなわちエキシマー(二量体励起状態)を形成する. 一重項励起状態, エキシマーは各々 18, 22 ns の寿命をもち, 蛍光を放出し基底状態に戻ることで, 吸収エネルギーを散逸していると考えられる. 三重項状態もりん光を放出する. オリゴマーも生じているが, 詳細については不明である.

捕捉剤効果, パルスラジオリシス実験などから得られた分解過程の概要を図6.5 に示す[8]. 照射による励起とイオン化を経て, 最低励起一重項と最低励起三重項がそれぞれ G 値 1.6, 4.2/100 eV 生成する. 初期のビフェニル形成は励起とイオン再結合の過程で生じ, 捕捉剤では抑制できない. 生成した励起状態はベンゼン分子単体の励起状態と二つの分子間で形成される励起状態, いわゆるエキシ

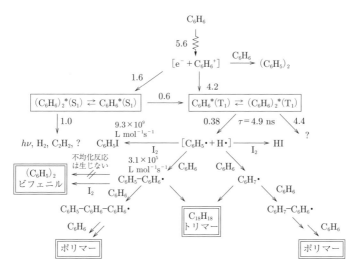

図 **6.5** 液体ベンゼン中での放射線分解過程の評価例
図中の数値は G 値/100 eV
K. Enomoto, *et al.*: J. Phys. Chem. A. **110** (2006) 4124.

マー状態間で平衡状態にある．励起一重項状態から G 値 0.6/100 eV で励起三重項へ移動する．残りの G 値 1.0/100 eV は可視領域 500 nm に吸収ピークをもち，15 ns で減衰し，発光，H_2, C_2H_2 生成の過程で減衰する．水素発生は G 値 0.04/100 eV で CH_2CH_2 生成はその半分であり，大部分は分解せずに基底状態に戻る．一方，G 値 4.8/100 eV の励起三重項状態は寿命 4.9 ns で減衰し，そのうちの G 値 0.38/100 eV 程度が分解に関与，その他の大部分は基底状態に戻る．分解するとフェニルラジカル，$\cdot C_6H_5$，と水素原子を発生する．このことは I_2 を捕捉剤に用いて C_6H_5I, HI を観測することで確認されている．フェニルラジカルは 320 nm に吸収をもち，その挙動を追跡でき，I_2 とベンゼンとの反応速度は 9.3×10^9，3.1×10^5 L mol^{-1} s^{-1} と決定されている．H 原子とベンゼンの反応速度は 1×10^{10} L mol^{-1} s^{-1} 程度と推定されている．10^{-4} mol L^{-1} 程度の微量 I_2 の添加では，ビフェニルは無添加系の収量 $G = 0.075/100$ eV から $G = 0.38/100$ eV まで増大し，さらに添加すると I_2 添加量増大とともに減少し，20 mmol L^{-1} 添加で無添加系の収量にまで減少する．この機構については明らかになっていない．フェニルラジカルと水素原子はベンゼン分子に付加して，$\cdot C_6H_5$-C_6H_6 と $C_6H_7\cdot$（シクロヘキサジエニルラジカル）を形成し，これらの結合で三量体生成物を形成し，さらにはポリマーが形成される．以上は γ 線照射による分解であるが，高 LET 放射線照射では水素発生が増大する．詳細は 8 章を参照されたい．

　ベンゼンが溶質を含み，この溶質の励起状態がベンゼンのものより低エネルギーであれば，ベンゼンの励起状態から溶質にエネルギーが移動し，溶質の励起状態が形成される．溶質の一重項励起状態が短寿命で発光の量子効率が高いものは，発光測定による放射線計測器である液体シンチレータの発光源として利用される．

$$(C_6H_6)_S^* + S \longrightarrow S^* + C_6H_6 \longrightarrow C_6H_6 + S + h\nu \qquad (6.43)$$

ベンゼンの三重項励起状態からスチルベン分子にエネルギー移動が生じ，トランス-シス，シス-トランスの転移反応も知られている．

$$(C_6H_6)_T^* + trans\text{-スチルベン} \longrightarrow C_6H_6 + cis\text{-スチルベン} \qquad (6.44)$$

$(C_6H_6)_S^*$ と $(C_6H_6)_T^*$ は各々ベンゼン一重項，三重項励起状態を示す．

6.3.3　保　護　効　果

　シクロヘキサンとベンゼンを混合して水素の発生の G 値を測定すると図 6.6 に示すような結果が得られる[6]．すでに紹介したようにシクロヘキサン，あるいはベンゼン中での水素の発生 G 値は各々 5.6，0.04/100 eV である．もし，単純にそれぞれの成分からの水素発生を仮定すると，単なる足し算で，5.6/100 eV と 0.04/100 eV を結ぶ直線が期待される．しかし，実験からは，図に示すように下に凸の曲線となる．シクロヘキサンを分解すべきエネルギーがベンゼンに回っている．ベンゼンの存在によりシクロヘキサンの分解が抑制されていると理解でき，これをシクロヘキサンのベンゼンによる**保護効果**とよぶ．

　この現象に対して二つのメカニズムで説明されている．

$$C_6H_{12}^+ + C_6H_6 \longrightarrow C_6H_{12} + C_6H_6^+ \tag{6.45}$$

$$C_6H_{12}^* + C_6H_6 \longrightarrow C_6H_{12} + C_6H_6^* \tag{6.46}$$

上は電荷の移動で，下はエネルギー移動である．イオン化ポテンシャル(IP)をみると，IP(シクロヘキサン)＝9.9 eV，IP(ベンゼン)＝9.2 eV でシクロヘキサンのほうが大きく，エネルギー的に電荷移動が生ずる．また，ベンゼンは 230～270 nm

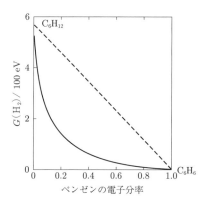

図 **6.6**　液体ベンゼンとシクロヘキサン混合試料の放射線照射時の水素ガス発生 G 値
J. W. T. Spinks and R. W. Woods: *An Introduction to Radiation Chemistry* (John Wiley & Sons, 1976) p. 393.

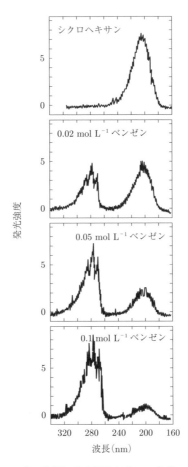

図 **6.7**　147 nm 光の励起による液体シクロヘキサン中の励起状態
からの蛍光とベンゼン混在下でのシクロヘキサンの消光
とベンゼンからの蛍光

F. Hirayama and S. Lipsky: J. Chem. Phys. **51** (1969) 3616.

に数本のサブピークから成る吸収帯をもち，それに対応する励起状態からの発光は 270〜330 nm に広がっている．一方，シクロヘキサンの蛍光はより短波長，200 nm をピークとして 180〜250 nm にまで広がっており，エネルギー的に高く，励起エネルギーをベンゼンに移動できる．後者については，シクロヘキサンの蛍光が初めて実験的に捉えられたとき，不純物としてベンゼンを添加するとシクロヘキサンの蛍光が減少し，ベンゼンの蛍光が現れ，ベンゼン添加量増大に従ってベンゼンの発光に置き換わっていくことから確認されている．図 6.7 にこの様子を示す[9]．上に述べた二つの過程はいずれも保護効果に寄与していると考えられているが，詳細は不明の点も多い．

　この保護効果は実用的には有機物ポリマーなどの耐放射線向上の手法として活用できる．すなわち，添加物として芳香族を混ぜたり，ポリマー分子中にベンゼン環を導入したりして，放射線で誘起される高分子の切断を抑制できる．この方法は放射線分解による材料劣化の抑制策としてこれまで広く利用されてきた．

7 高分子の放射線化学

7.1 放射線と高分子

　高分子(ポリマー)の放射線化学は,水などと並び最も研究されてきた対象の一つである.本章では,放射線による高分子の合成(重合),高分子への放射線照射で生じる中間体,高分子の照射効果,放射線による高分子材料の高機能化,高分子材料の放射線劣化の概略を述べる.

　高分子とは,炭素原子が数千個からそれ以上つながった物質の総称である.高分子化合物とよぶほうがより適切で,その物性に期待される使命に着目されるとき,高分子材料と称されることが多い.

　歴史的には,天然・自然に由来する高分子(天然高分子)がまず利用され,その後高分子が基本的な単位(**単量体,モノマー**)の繰返しから成るということが明らかになって,石油を原料としてさまざまな高分子(合成高分子,いわゆるプラスチック)が合成され,普及した.

　ケイ素(Si)やゲルマニウム(Ge)を骨格とした高分子も存在するが(前者をポリシラン,後者をポリゲルマンのようによぶことがある),研究例,利用例などは,炭素を骨格とする高分子に比べ少ないので,本章では炭素骨格高分子に着目することとする.

　物質に放射線を照射すると,エネルギー付与,電離,励起を経て,ラジカルが生じることは前章で述べられている.被照射対象(ターゲット)が水であっても,低分子有機化合物であっても,高分子であっても同様である.その結果,低分子化合物が高分子化したり,高分子が**架橋**(架橋:高分子鎖の間への新しい化学結合(共有結合)の導入),**分解**(崩壊:高分子鎖のより短い鎖または破片への切断)したりする.すると,分子量(分子量分布や平均分子量)が変化し,さらに種々の物性が変化する.この挙動は,放射線の種類や,放射線に照射される環境(温度,雰囲気など),被照射物の性状などに大きく依存する.それらを適切に制御すれば,新しい機能を付与したり,新規材料の創製につなげたりすることができる.また,架橋や切断などの照射効果が蓄積すると,材料が当初に備えていた特性が望ましくない方向へと変化する劣化として顕在化するようになる.

7.2 放射線重合とその機構

エチレン($CH_2=CH_2$)やプロピレン($CH_3-CH=CH_2$),スチレン($CH_2=CH-C_6H_5$,ここでC_6H_5はベンゼン環(フェニル環))などの二重結合をもった有機化合物に放射線を照射すると,二重結合が開裂し,ラジカルが生じる.ここで,エチレンなどの出発物質(原料)をモノマー(単量体)とよび,そのラジカルをモノマーラジカルという.モノマーラジカルがほかのモノマーと付加反応を起こすと,二量体(ダイマー)ラジカルを形成する.ラジカルとなるモノマーは,ごく低い割合であって,ラジカルとなっていないモノマーが多数あるため,このような反応スキームとなる.この過程を繰り返し,最終的には,モノマーが数千個から数万個結合した高分子(ポリマー)が形成される.高分子1分子に結合しているモノマーの個数を**重合度**という.エチレンが出発物質の場合はポリエチレンとなり,プロピレンが出発物質の場合はポリプロピレンとなる.ポリマーとなる前の,重合度のあまり高くない物質を特にオリゴマーという.このような,放射線照射をトリガーとした高分子の合成を**放射線重合**という.ただし,重合度の数において,いくつ以上がオリゴマーかポリマーかという定義はない.

高分子を合成するための重合過程は,**開始反応**(イニシエーション),**伝播(連鎖)反応**(プロパゲーション),**停止反応**(ターミネーション)の3段階に分けられるが,放射線重合は,開始反応が放射線照射による活性種生成という点が異なり,それ以降の化学反応スキームは本質的に触媒や光など他の手法による重合と同じである.ただし,放射線照射がトリガーとなるという点で,開始剤を要しないことや,低温状態でも化学反応を起こし得ることが特徴といえる.

伝播反応におけるキャリア(仲介となる化学種)は,ラジカルには限定されない.キャリアがラジカルの場合を**ラジカル重合**といい,イオンの場合を**イオン重合**という(さらにはカチオン重合,アニオン重合に細分されることがある.カチオンとは陽イオン,正イオンを指し,アニオンとは陰イオン,負イオンを指す).イメージを示すと次のようになる.

M(モノマー(単量体)) $\longrightarrow$ M^+, M・ ($\longrightarrow$ は放射線照射の意味)

M + M・ $\longrightarrow$ 2M・,M + 2M・ $\longrightarrow$ 3M・, … (ラジカル重合の場合)

M + M^+ $\longrightarrow$ $2M^+$,M + $2M^+$ $\longrightarrow$ $3M^+$, …(イオン重合の場合)

成長した重合体は,ラジカルどうしの結合や,カチオンと電子との結合により

成長を停止する.

　放射線重合の機構をもう少し詳しくみてみる.

ラジカル重合の場合

　　開始反応　　　M —\/\/\→ M・　　　　　　　　速度 R_i

　　　　　　　　　　　　（$= 10^{-2}G_i I\rho/(eN_A)$；$e$ は電荷素量 1.6×10^{-19} C）

　　伝播反応　　　M・＋M ⟶ 2M・

　　　　　　　　　M$_n$・＋M ⟶ M$_{n+1}$・　　　　　速度 $R_p = k_p[\mathrm{M}_n\cdot][\mathrm{M}]$

　　停止反応　　　M$_n$・＋M$_m$・ ⟶ M$_{n+m}$　　　速度 $R_t = k_t[\mathrm{M}_n\cdot][\mathrm{M}_m\cdot]$

イオン重合（カチオン重合）の場合

　　開始反応　　　M —\/\/\→ M$^+$　　　　　速度 R_i $\left(= \dfrac{10^{-2}G_i I\rho}{eN_A}\right)$

　　伝播反応　　　M$^+$＋M ⟶ M$_2^+$　　　速度 $R_p = k_p[\mathrm{M}^+][\mathrm{M}]$

　　停止反応　　　M$_n^+$＋e$^-$ ⟶ M$_n$(P$_n$)　　速度 $R_t = k_t[\mathrm{M}^+][\mathrm{e}^-] = k_t[\mathrm{M}^+]^2$

（この式において，e$^-$ は電子を意味する）

ここで，G_i：開始反応の G 値，I：線量率（Gy/s），ρ：モノマーの密度，N_A：Avogadro 数，k_p：伝播反応の速度定数，k_t：停止反応の速度定数，[　]：各化学種のモル濃度である．上記の G_i は放射線化学における慣習的なエネルギー吸収 100 eV あたりの収率であるが，SI 単位では mol J^{-1} で表記することが望ましい．その換算は次式で与えられる.

$$G(\mathrm{mol\,J^{-1}}) = 1.036 \times 10^{-7} G(/100\,\mathrm{eV}) \tag{7.1}$$

　開始反応の速度 R_i が（　）内の式のようになることは，単位を考慮することで確認できる：I(Gy s^{-1}) は，I(J (kg・s)$^{-1}$) すなわち I/e(eV (kg・s)$^{-1}$)$= 10^{-3} I/e$ (eV (g・s)$^{-1}$)，被照射物の密度 ρ(g cm^{-3}) を考えて $10^{-3}I\rho/e$ (eV (cm^3・s)$^{-1}$)$= I\rho/e$ (eV (L・s)$^{-1}$)$= 10^{-2}I\rho/e$ (100 eV (L・s)$^{-1}$)，G 値の定義は 100 eV での反応数なので $10^{-2}G_i I\rho/e$ (個 (L・s)$^{-1}$)，数を物質量に直すには Avogadro 数を考えて $10^{-2}G_i I\rho/(eN_A)$(mol (L・s)$^{-1}$)，これは開始反応の速度に等しい.

　定常状態を考えると，キャリアの生成速度 R_i と消失速度 R_t とが等しいので，これらの式から，線量率 I に対して，重合速度（モノマーの消費速度）は，

$$R_p = k_p k_t^{(-1/2)}[\mathrm{M}]\left(\frac{10^{-2}G_i\rho}{eN_A}\right)^{(1/2)} I^{(1/2)} \tag{7.2}$$

となり，I の 1/2 乗に比例し，重合の G 値(モノマーの消費収率)は，

$$G(-\mathrm{M}) = \frac{R_\mathrm{P} N_\mathrm{A}}{[(I/e)\rho]} \times 100$$

$$= k_\mathrm{p} k_\mathrm{t}^{(-1/2)} [\mathrm{M}] \left[\frac{G_\mathrm{i} N_\mathrm{A}}{(10^{-2}\rho e)} \right]^{(1/2)} I^{(-1/2)} \tag{7.3}$$

となり，I の $-1/2$ 乗に比例する．

　放射線重合反応の研究は，放射線利用の一つとしての放射線高分子化学において重要な役割を果たした．しかし，放射線重合そのものは，産業レベルにまで普及していない．放射線重合の一種とみなせるものとしては，現在，液状塗料(オリゴマーとモノマーの混合物)の硬化(キュアリング)と，別途述べるグラフト重合とが，産業レベルに成長している．

7.3　高分子への放射線照射で生成する中間体

　他の対象と同じく，高分子が照射された場合に生ずる，イオン種，電子，励起状態，遊離基(ラジカル)などの**中間活性種**の検出，挙動などは多く試みられている．最も有効な手法は電子スピン共鳴法(ESR 法；2 章参照)であろう．パルスラジオリシス法(3 章参照)も試みられてはいるが，試料として高分子を用いる場合，十分な透過光強度が得られないことが多く，研究例は必ずしも多いとはいえない．希薄溶液など，例が限られる．固体高分子材料に対する研究例は少ない．

　電子スピン共鳴法による，照射後または照射中の高分子ラジカルの研究例は数多い(実験上の簡便さから照射後のものが多い)．高分子中に捕捉された電子の観測にも応用できる．ラジカルは一般に反応性に富むので，照射後の時間の経過とともに減衰する(濃度が低下する)．減衰を避けるため，照射試料を，照射後から測定まで低温下や暗所で保管したり，照射後から測定までの時間を短くしたりする必要がある．各論は避けるが，アルキル型ラジカル(ポリエチレンの場合ならば-CH₂-ĊH-CH₂-)が多く報告されている．周囲にほかの炭素原子や水素原子など核スピンをもつ原子があれば，それらの影響により，スペクトル線が複数に分裂する超微細構造が現れることがある(たとえばポリエチレンのアルキルラジカルなら 6 本線のスペクトルを示す)．温度や線量によっては，アリル型ラジカル(ポリエチレンならば-CH₂-ĊH-CH＝CH-CH₂-)やポリエニル型ラジカル(ポリエチレンならば-(CH＝CH)ₙ-ĊH-CH₂-；$n \gtrsim 6$ が一般的)が観測されることがある．

アルキル型ラジカルは，後述する架橋のもととなる．後述する高分子鎖の切断に至る切断型の高分子でも，-C・のような切断片型のラジカルの観測例はない．ただし，放射線照射後のごく短い，速い時間帯には，切断片型ラジカルが存在するであろうという考え方がある．切断片型ラジカルが生じても，すみやかに不対電子が鎖の内方向(中央方向)に移動し，末端には二重結合をもつラジカルが生じると考えられている．

また，ラジカルは結晶中には生成せず，非晶(無定形(アモルファス))域や，ある結晶と別の結晶とを結ぶ領域(タイとよばれる)に優先して存在する．

酸素がある環境中では，高分子ラジカルに酸素が付加して，過酸化ラジカル POO・を生じるので，その後の反応機構が異なる．過酸化ラジカルは容易に酸化分解を起こす．

7.4　高分子の放射線照射効果

7.4.1　架橋，切断と分子量，分子量分布の変化

高分子の放射線照射効果を比較的微視的に考える．大きく，架橋(橋架け)，切断，不飽和結合の生成，官能基の生成，低分子量の分解物，特にガスの発生などがある．照射効果は，放射線の種類(電子線などのいわゆる**低 LET 放射線**か，重粒子線などの**高 LET 放射線**か)，照射時の温度，雰囲気(特に酸素の有無)，また高分子の性状，共存するほかの物質などの多くの要因に依存する．

照射効果の中でも，高分子の性質・特徴に最も大きな影響を与えるものは，架橋と切断である．これらは，多くの場合，どちらか一方だけが起きるのではなく，両者が起きているが，見かけ上，どちらかが優勢(支配的)にみえる．それに応じて，架橋型高分子，切断型高分子のように分類されることが多い．高分子の繰返し単位の分子構造によって，架橋型か分解型かを分類することがしばしばなされている(通常，電子線または γ 線，常温，無酸素を照射条件とする)．

一般に，ビニル型高分子 $\pm CH_2\text{-}CR_1R_2\pm$ を考えると，$R_1=H$ であれば，架橋型である．たとえば，ポリエチレン $\pm CH_2\text{-}CH_2\pm$ は架橋型であり，ポリ塩化ビニル $(R_2=Cl)$ も架橋型である．ポリメチルメタクリレート $(R_1=CH_3, R_2=COOCH_3)$ は分解型である．より H の少ないポリテトラフルオロエチレン $\pm CF_2\text{-}CF_2\pm$ も分解型である．

　放射線の種類による影響については，5章でLET（線エネルギー付与）やスパー，トラック構造について記述があるが，同じように，（重）粒子線等高LET放射線では，通常基準としている電子線やγ線に比べて，電離や励起が空間的に狭い領域で起こるため，中間活性種の再結合の確率が大きくなる．したがって，架橋の確率は大きくなり，切断の確率は小さくなる．

　また，照射時の温度では，分子の運動性が変わるので，低温で収率は低く反応は遅く，高温で収率は高く反応は速い．反応機構が変わらない温度の範囲ではArrhenius（アレニウス）則に従うが，高分子の運動性の転移温度の前後で活性化エネルギーが変化する．特にガラス転移温度 T_g や融点の前後で変化が著しい．

　照射時の雰囲気では，酸素が存在すると，前述のように高分子ラジカルを過酸化ラジカルに変え，真空中や不活性雰囲気（窒素，アルゴンなど）中では架橋型の高分子でも分解型になる（架橋の確率は下がり，分解の確率は上がる）．酸化分解の場合，末端にはカルボニル基（>C=O）やカルボキシ基（-COOH）やヒドロキシ基（-OH）などを生じる．

　化学というより実学・産業の範疇になろうが，高分子材料には，酸化防止剤などが添加・配合されることがほとんどである．これらの共存物質にはラジカルを捕捉する性質があるため，架橋を阻害する．一方で，架橋助剤とよばれる，二重結合をもつ物質を添加して，架橋の確率を上げることもなされている．

　上記の架橋や切断（酸化による切断を含む）により，高分子の分子量が変化する．通常の化学では，着目する物質を特定すれば，その分子量（または原子量，式量）を一意的に定義することができる．それに対し，高分子の化学では，分子は比較的分子量の小さなものから，大きなものまでさまざまなものがあり（**分子量分布**があるという），それらの混合物であるということに注意する必要がある．

　以下の記号を用いると，

モノマーの分子量：w

重合度：u

ある高分子鎖の分子量：M，ここで，$M = uw$ である．

重合度 u をもつ分子の数：$n(u)$

分子量 M をもつ分子の数：$N(M)$

分子の総数　　　　　　　$$A_0 = \sum_{u=1}^{\infty} n(u) \tag{7.4}$$

モノマーの総数 $\qquad A_1 = \sum_{u=1}^{\infty} u n(u)$ (7.5)

その平均分子量は以下の式で定義される.

数平均分子量 $\qquad M_n = \dfrac{\sum N(M)M}{\sum N(M)} = w\dfrac{A_1}{A_0}$ (7.6)

重量平均分子量 $\qquad M_w = \dfrac{\sum N(M)M^2}{\sum N(M)M} = w\dfrac{A_2}{A_1}$ (7.7)

z 平均分子量 $\qquad M_z = \dfrac{\sum N(M)M^3}{\sum N(M)M^2} = w\dfrac{A_3}{A_2}$ (7.8)

分子量の分布を表現する関数として, 次のようなものがある.

ランダム分布(Poisson(ポアソン)分布) $\qquad n(u) = \dfrac{A_1}{u_1^2}\exp\left(-\dfrac{u}{u_1}\right)$ (7.9)

一様分布 $u_1 = u_2 = u_3 = \cdots = u_i = \cdots$ （すべての分子の重合度が等しい場合）

架橋により分子量は増大する. 架橋がある程度進行すると, 架橋前には溶解した溶媒(主としてキシレンなどの有機溶媒)に対しても, 溶解しなくなる. この現象をゲル化(不溶化)という. 溶媒に不溶な部分を**ゲル**という. その重量分率をゲル分率といい, g で表す. 橋架けしていない分子を溶媒で抽出し, 橋架けしたゲル分を分離, 乾燥することにより, ゲル分率を以下の式で求める.

$$\text{ゲル分率} = \frac{W_d}{W_0} \quad (\text{100 倍してパーセント表示することも多い})$$

ここで, W_d は分離されたゲルの重量, W_0 は溶媒抽出前の試料の重量を示す.

一方, 可溶な部分を**ゾル**といい, その重量分率をゾル分率といい, s で表す. $g+s=1$ である. ゲル化の始まる線量(ゲル化線量)D_g またはゾル分率 s から, 架橋の G 値(G_x)や切断の G 値(G_s)を見積もることができる.

架橋の G 値 G_x は, ゲル化線量 D_g(kGy)から次のように求められる.

$$G_x M_w D_g = 0.48\times10^7 \tag{7.10}$$

ゾル分率 s については, 以下の Charlesby-Pinner(チャールズビー・ピナー)式がよく知られている. ここで, $M_{n,0}$ は照射前の数平均分子量, D は kGy 単位の吸収線量である.

$$s+\sqrt{s} = \frac{G_s}{2G_x}+\frac{4.8\times10^6}{G_s M_{n,0}}\frac{1}{D} \tag{7.11}$$

ただし, Charlesby-Pinner 式には, ① 架橋は H 型(X 型)架橋のみであり, T型(Y 型)架橋は無視する;ここで, H 型(X 型)架橋とは, ある高分子鎖の側部と別の高分子鎖の側部とが新たな結合によってつながり, トポロジー的に H の

字型または X の字型になるような架橋であり，T 型(Y 型)架橋とは，ある高分子鎖の側部と別の高分子鎖の末端とが結合してトポロジー的に T の字型または Y の字型になるような架橋である，② 分子内架橋(環化)は無視する，③ 初期分子量分布はランダム分布(Poisson 分布)である，などのいくつかの仮定をおいている．Charlesby-Pinner 式に修正を加える試みもなされている．

ゲルは溶媒を吸収して膨らむので，ゲル分率と同様に用いられる指標として**膨潤比**がある．ここで，W_s は膨潤した状態のゲルの重量を示す．

$$膨潤比 = \frac{W_s}{W_d} \tag{7.12}$$

切断により分子量は減少する．切断前後の分子量の間には以下の関係が成立することが知られている．

$$\frac{1}{M_{n,0}} - \frac{1}{M_n} = 1.04 \times 10^{-7}(G_s - G_x)D \tag{7.13}$$

$$\frac{1}{M_{w,0}} - \frac{1}{M_w} = 0.519 \times 10^{-7}(G_s - 4G_x)D \tag{7.14}$$

$M_{n,0}$ は照射前の数平均分子量，M_n は照射後の数平均分子量，$M_{w,0}$ は照射前の重量平均分子量，M_w は照射後の重量平均分子量，D は kGy 単位の吸収線量である．M_n の変化を表す式は常に成立するが，M_w の変化を表す式は初期分子量分布が Poisson 分布のときに限られる．M_n や M_w の測定法としては，ゲル浸透クロマトグラフィー(GPC)などが典型的である．吸収線量 D に対する M_n，M_w の変化から，G_x，G_s を求めることができる．

放射線照射後の分子量分布の指標 M_w/M_n は，多くの場合2(すなわちランダム分布(Poisson 分布))になることが知られている．

7.4.2　架橋，切断と力学的，熱的，電気的特性の変化

高分子の放射線照射効果を比較的巨視的な物性変化により考える．

一般的に，架橋により，次のような変化が認められる．① 力学特性として，伸びは減少する．強度はやや上昇する．弾性率は上昇するがその増分は強度ほどではない．② 熱的特性として，融点やガラス転移温度は上昇する．耐熱性も向上する．架橋により網目構造が導入されるためである．架橋が進行すると3次元ネットワーク構造を形成するようになる．③ 電気的特性として，絶縁抵抗，絶

縁破壊電圧などには，かなりの線量(材料によるが MGy〜100 MGy オーダー以
上)を照射した場合でないと変化は認められない．

　一般的に，切断により，次のような変化が認められる．① 力学特性として，
伸び，強度，弾性率は低下する．ただし，伸びの低下が最も顕著で，次に強度の
低下で，弾性率の低下は認められるものの一般に大きくはない．② 熱的特性と
して，融点やガラス転移温度は降下する．鎖長が平均して短くなったため，比較
的低い温度でも高分子鎖が運動しやすくなるためである．③ 電気的特性として，
絶縁抵抗，絶縁破壊電圧などは低下する．酸化を伴う場合は極性基の生成に伴い
誘電率が上昇する．

　また，架橋や切断とは別に，照射中の過渡的現象となるが，放射線照射により
生じたイオン種(カチオン，電子など)によって，電気伝導度が上昇することがあ
る．照射開始とともに，電気伝導度が上昇し，照射が終われば電気伝導度が低下
する．ただし，照射によって生じた架橋や切断によって，初期の値に戻るとは限
らない．

　架橋，切断の両方に共通して起きるが，低分子量の物質が特にガスとして放出
される．最も観測されるのは水素である．このほか，メタンやエタンなどの低級
炭化水素が放出されることもある．また酸化を伴う場合には，CO や CO_2 などの
発生も起き得る．高分子の繰返し構造によって，他のガスが放出されることもあ
る．これらは高分子試料をガラス管に封じて放射線を照射した後，ガラス管内の
気体をガスクロマトグラフィー法などで分析することによって同定される．

7.4.3　グラフト重合

　グラフト重合とは，放射線照射によりラジカルの生成した高分子を他のモノ
マーと接触させることにより，幹の高分子から，異なる高分子鎖を成長させる重
合法であって，特徴をもった高分子材料を開発する手法である．あたかも接ぎ木
(グラフト)したように，幹の高分子から異なった種類の高分子が枝状に生えるの
で，グラフト重合と名づけられた．グラフト重合法自体は放射線には限定されな
いが，放射線を利用してグラフト重合の開始点であるラジカルを形成させる場合
は，基材として用いる高分子の種類や形状，グラフトするモノマーに制限はな
く，多種多様の組合せが可能であると同時に，基材の高分子内部に深くまでグラ
フトにより機能を導入することが可能である．

放射線照射と，モノマーとの接触の手順によって，同時照射法，前照射法の分類がある．同時照射法は，基材ポリマーをモノマー溶液中で放射線照射しながらにグラフト重合する方法であるが，照射時にモノマーが重合してホモポリマーを生成する可能性がある．前照射法は基材ポリマーを放射線照射したのち，モノマーと接触させて重合させる方法であり，ホモポリマーの生成は起きないが，照射から重合までの保管条件や時間に注意する必要がある．しかしながら，照射工程とグラフト反応の工程が分離されているため，グラフト反応の制御が容易であり，大量生産が不可欠である工業化に適している．

グラフト重合の程度は，グラフト反応前後の重量増加(反応前の重量を W_0 とし，反応後の重量を W とする)から，次式で与えられる**グラフト率**(D_g)で表す．

$$グラフト率 D_g(\%) = \frac{100(W - W_0)}{W_0} \tag{7.15}$$

グラフト重合では，幹となる高分子の，特に，機械的強さを維持しつつ，枝となる高分子の機能を活かした機能性高分子の開発が数多くなされている．機能性高分子の開発には，ブレンドや共重合の方法もあるが，グラフト重合では，それらの難点である，相溶性やモノマーの反応性に関係なく，疎水性と親水性ポリマー，極性と非極性ポリマーの組合せが可能という利点がある．

7.5 高分子の高機能化

前述の照射効果を利用して，もともともっていた物性を向上させたり，新しい機能を付与したりするなどの高機能化が試みられ，多くの成功例がある．研究紹介的になるがいくつか例を示す．

例1 ポリ乳酸の橋架け

ポリ乳酸は透明で強度が高いため，家電用の筐体などとして期待されている．多官能性(架橋し得る基を1分子に複数もつ)モノマーを架橋助剤として微量(数重量%)加えて，架橋の確率を大きく，すなわちゲル化線量を小さくしゲル分率を高くすることができる．橋架けしたポリ乳酸は優れた耐衝撃性を示す．

例2　ポリテトラフルオロエチレンの分解

ポリテトラフルオロエチレン(PTFE)は放射線照射により分解する．分子量が低下した後も，優れた非粘着性，低摩擦性などの特性は保持されており，粉末に加工して，潤滑剤や塗料などとして実用化されている．

例3　多糖類の分解による植物生長促進・貯蔵保持

海藻に含まれるアルギン酸や，甲殻類に含まれるキチン，キトサンなどの多糖類は，照射により分子鎖が切断される．低分子量化した多糖類は，植物(野菜，果実)の生長促進作用や，逆に貯蔵保持作用が認められている．

例4　ポリエチレン基材に官能性モノマーをグラフト重合した金属捕集材

キレート剤となるようなモノマーを導入して，特定の金属イオンを吸着する捕集材が開発されている．海水からのウラン捕集や，温泉水からの貴金属回収，さらには原子力発電所事故に伴い放射性物質を含んだ水(汚染水)の浄化などに利用されている．

さらに，最近では，ナノテクノロジーと関連して，イオンビーム，収束イオンビーム(FIB)，シンクロトロン放射光(SR または SOR)などを活用した，高分子材料の微細加工，高分子材料を基にしたマイクロマシンの開発も行われている．物質分離が可能な微細な孔をもつ高分子膜，電極などへの可能性をもつ高分子ナノワイヤなど，種々の高機能材料が開発されている．

7.6　高分子の劣化と耐放射線性

照射された線量の増大とともに，架橋や崩壊が蓄積したり，酸化が進んだりすると，材料として劣化挙動を示すようになる．経験的には，まず力学特性(伸び，強度，弾性率など)が劣化し，ついで電気特性(絶縁抵抗，絶縁破壊電圧など)や他の特性の劣化が顕在化するようになる．これらのことから，高分子材料の耐放射線性の指標には力学特性が採用されており，特に引張試験における破断時の伸びの変化(劣化とともに伸びなくなる)が最も代表的な指標となっている．強度や弾性率も指標となり得るが，橋架けが優先する場合と分解が優先する場合とで挙動が異なるため，伸びほどには用いられない．ただし，引張試験は破壊試験であ

るため，非破壊的な方法で，伸びの低下とよい相関を示す指標の探索・開発が精力的に行われている．たとえば，圧子(針状のプローブ)を高分子材料に押しあてたときの応力から定まる弾性率や，高分子材料中の音速(劣化とともに弾性率が上昇することに伴い音速が上昇する)などが有力視されている．

　放射線による高分子材料の劣化は，ある意味で，放射線の負の側面ではあるが，原子力施設・放射線施設・放射線環境における安全確保などのためにも，重要な分野である．

8 イオンビーム放射線化学

従来のいわゆる低 LET の放射線である γ 線，X 線や電子線に比べて，阻止能が大きく，高 LET のイオンビームの引き起こす放射線反応が注目されている．物質中での飛程も限られていることが特徴で，従来とは異なった放射線効果を示すことが多い．本章では，イオンビーム放射線反応の実現手段を検討し，その特徴を取り上げた後，水の分解生成物収量，有機液体と高分子については H_2 発生収量の，イオンビームの種類とその LET 依存性について紹介する．

8.1 イオンビーム放射線反応の実現手段

イオンビームには水素からウランまで多種類あり，それぞれのイオンの**阻止能**

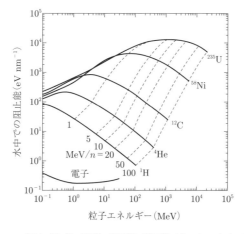

図 8.1 $^1H^+$, $^4He^{2+}$, $^{12}C^{6+}$, $^{58}Ni^{28+}$, $^{238}U^{92+}$ ビームの水中での阻止能のエネルギー依存性 MeV/n 表示については p.7 の脚注を参照のこと．

Charged-Particle and Photon Interactions with Matters: Chemical, Physicochemical, and Biological Consequences with Applications, eds by A. Mozumder and Y. Hatano (Marcel Dekker, 2003) p. 406.

はエネルギーが変化するのに対応して変化する．図 8.1 は水中でのイオンの阻止能のエネルギー依存性を整理して示したものである[1]．H イオン，すなわち陽子ビームの変化の曲線が一連の曲線群の一番下方に位置している．左から右へのエネルギー増大に対応し，阻止能は減少する．100 MeV で 1 eV nm^{-1} 程度である．逆にエネルギーの高いほうから低いほうへの変化をみると，水中を高エネルギーの陽子ビームが進行するにつれエネルギーを失うとともに阻止能が増大し，0.1 MeV に到達すると阻止能は 10^2 eV nm^{-1} と 2 桁の増大となる．次の曲線が He イオンビームの変化で，陽子ビームの曲線を右上方にシフトしたものになっている．He イオンビームでは阻止能は 1 MeV で最大値に到達しているが，これがブラッグピークに対応している．C, Ni, U と，イオンの原子量増加に従い，曲線は右上方にシフトし，U イオンビームでは阻止能の最大値は 10^4 eV nm^{-1} を超える．電子の阻止能のエネルギー依存性は図中の左下方に示してあるが，イオンビームではこの電子の値より何れも大きい．阻止能が大きいことは単位飛程あたりのイオンのエネルギー損失量が大きく，エネルギー付与密度が増大するため，反応が空間的に集中して生じることを意味する．これがイオンビーム放射線反応の特徴の誘発要因である．

　図 8.2 にこれらイオンビームの水中飛程のエネルギー依存性をまとめてある[1]．この図を用いると，1 MeV の陽子と He イオン（α 線）の水中飛程は，各々 27, 6 μm となる．陽子は 100 MeV を超えると水中での飛程が 10 cm のオーダーとなる．重粒子線治療に用いられる C イオンビームでは，水中 10 cm の飛程を得るには 1 GeV 以上のエネルギーが必要となる．したがって，イオンの飛程がその種類とエネルギーに大きく依存することから，照射手法も大きく変わることになる．

　高エネルギーイオンの発生にはイオン加速器が用いられる．中でも Van de Graaf（ヴァン・デ・グラーフ）加速器は 10 MeV 程度のイオンを加速しやすく，放射線化学研究に広く用いられてきた．しかし，図 8.2 からみるように 10 MeV のイオンの水中飛程は陽子ビームで 1 mm を超えるものの，He イオンでは 100 μm 程度である．真空中で加速したイオンを試料に照射するためには真空を隔離するための窓を介して照射する必要があり，そこでのエネルギー損失を考慮すると，なるべく薄い窓を用いることが必要になる．図 8.3 に Notre Dame 大学で使用されている液体試料照射用のシステムを示す[2]．右の加速器から入ってくるイオンをコリメートし，磁場により二次電子を除去して，薄い Ti 膜を通して加速

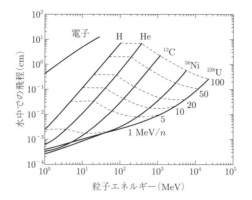

図 8.2 ^{1}H$^+$, ^{4}He^{2+}, ^{12}C^{6+}, ^{58}Ni^{28+}, ^{238}U^{92+} ビームの
エネルギーと水中での飛程の関係
Charged-Particle and Photon Interactions with
Matters: Chemical, Physicochemical, and Biological
Consequences with Applications, eds by A. Mozumder
and Y. Hatano（Marcel Dekker, 2003）p. 407.

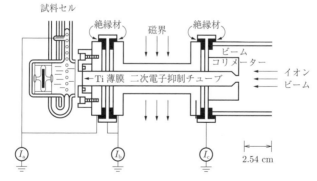

図 8.3 Notre Dame 大学のタンデム加速器からのイオンビームを
用いた水試料の照射システム
イオンビームは加速器から Ti 薄膜を介して気中に取り出
され，薄い照射窓を有する試料セル内の水試料を照射す
る．試料セル内のスクリューで強く撹拌される．
J. A. LaVerne and R. H. Schuler: J. Phys. Chem. **91**（1987）6560.

器外に取り出し，これを薄い窓を有した試料セル内の液体試料に照射する．0.1
MeV 以上のエネルギーで H イオンから C イオンビームまで利用できる．この照
射では入射エネルギーから停止までの積算された効果を評価することになるが，
刻々と変化するイオンエネルギーに対応した効果を評価するには後述の手法を適
用する．この照射セルを使用しての照射では，液体試料を激しく撹拌することが
肝要である．イオンの飛程は短く，撹拌が十分でないと，窓近傍の同じ試料のみ
が多量の照射を受けることになる．したがって，激しく撹拌し常にフレッシュな
試料が照射されるよう配慮する．

　放射線治療用重粒子線では，体内のがん組織を照射するために 20～30 cm の
水中飛程が必要で，サイクロトロンやシンクロトロンによって高エネルギーのイ
オンを発生させ，光速の 7, 8 割の速度にまで加速させる．このような高エネル
ギーイオンが水中を透過する場合の例として，放射線医学総合研究所の HIMAC
（重粒子線がん治療装置）施設で得られる 8 種のイオンの LET と飛程の関係を図
8.4 に示す[3]．侵入深さによりエネルギーと LET が変化する．この場合は飛程が
長いこともあり，特定の LET の条件での照射は容易である．飛程末端で LET

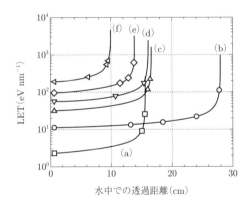

図 8.4　HIMAC 施設で発生されるイオンビームの飛程と LET の値
　　　（a）$^4He^{2+}$，（b）$^{12}C^{6+}$，（c）$^{20}Ne^{10+}$，（d）$^{28}Si^{14+}$，（e）$^{40}Ar^{18+}$，
　　　（f）$^{56}Fe^{26+}$ ビーム
　　　各々のエネルギーは 150, 400, 400, 490, 500 と 500 MeV/n である．
　　　LET 変化曲線上の各点で水分解の G 値測定を行い，その結果
　　　が図 8.7 に示されている．
　　　S. Yamashita, *et al.*: Radiat. Phys. Chem. **77**（2008）1224.

が増大しピークを形成する．これが**ブラッグピーク**である．ブラッグピークを超えた後，イオンは停止する．停止直前では，イオンは物質中から電子を剥ぎとり，イオンの電荷数は減少する．α線は He^{2+} であるが，停止直前に He^+ となる．この過程は電子を受けとったり，失ったりのダイナミックなもので，**電荷交換**とよぶ．エネルギーの低い領域で，しかも残余飛程も短く，この部分の効果を観測することは一般には困難である．

そのほかのイオン照射源として，$^{10}B(n, \alpha)^7Li$，$^6Li(n, \alpha)^3H$ などの核反応が利用できる．熱中性子の反応で，前者は 94% が 1.47 MeV の α線，0.84 MeV の Li イオンと 0.48 MeV の γ線に，残り 6% は 1.77 MeV の α線と 1.02 MeV の Li イオンが生まれ，後者では 2.06 MeV の α線と 2.73 MeV の ^3H(トリチウム)イオンが生成する．^{10}B，^6Li の天然存在比率は各々 19.9, 7.42 % で熱中性子との反応断面積はそれぞれ 3837, 940 σ(バーン，barn，10^{-28} m^2)である[4]．生成イオンは何れも低エネルギーであり，水中の飛程は 100 μm 以下である．

高速中性子は電荷を有しないので，電気的な相互作用は生じない．しかし，H 原子との弾性散乱断面積が大きく，水のような水素含有化合物中では，反跳陽子を発生することから，陽子ビーム照射と等価となる．しかし，反跳陽子のエネルギー分布は 0 から入射高速中性子エネルギーまで広く分布し，加速器からの単一エネルギーの陽子ビーム照射とは異なることに注意が必要である．同様に，水素以外の重い原子による散乱も生ずるが，断面積が小さく，エネルギー移行の効率が低い．有機物の場合，高速中性子の照射効果の主体は反跳陽子によるものである．

イオンビームには定常ビームとパルスビームがあり，パルス特性を活用するパルスラジオリシスの実験もいくつかで行われてきた．照射後の分析としては，H_2, H_2O_2 や捕捉剤との反応での生成物の分析，高分子では分子量変化や，紫外，可視，赤外の分光分析，蛍光測定など通常の放射線照射の解析法を活用する場合が多い．

8.2　イオンビーム放射線照射の特徴

8.2.1　反応の特徴

イオンビームの特徴は単位飛跡あたりのエネルギー付与量が大きいことで，LET の大きさが一つの指標である．このエネルギー付与の空間分布については

多くの検討がなされてきた．その描像は1章の図1.1に示す．**コア**とよばれるイオンビーム飛跡の芯の部分でイオン化と励起が集中して生じる．その周囲に二次電子によりイオン化と励起の広がった領域，**ペナンブラ**が形成される．コア径はイオンのエネルギーによって決まり，1 nm前後の値であることから直接の観測は困難である．これらが形成する構造を**トラック**とよび，低LETの放射線により形成される**スパー**と対比して用いられる．LETはエネルギー付与密度を示す指標であるが，飛跡に直行する動径方向の分布の情報は含まれていない．同じLETでも軽いイオンビームほど密度の高い動径分布が形成される．これは図1.1のトラックのサイズから確認できる．

　放射線収量は通常 G 値で表現される．低LET放射線の場合は対象試料中では均一に照射され，G 値は試料内の収量と吸収エネルギーの比から算出できる．イオンビームの場合はイオンのエネルギー変化に対応してLETも変化する．すなわち，飛程に沿って変化する．この変化を平均的に捉え，全体の収量をイオンのエネルギー付与量で評価するものを**トラック平均 G 値**とよぶ．それに対して，イオンの特定のLET値，あるいはエネルギーでの G 値を**微分 G 値**とよび，区別して使用する．微分 G 値のほうがより微細な情報といえる．治療用のイオンビームのように飛程が大きい場合は，末端のブラッグピーク付近を除けば，微分 G 値を実験的に評価することはそれほど困難ではない．飛程が1 mm前後になってくると微分 G 値を評価するには工夫が必要となる．エネルギー可変のイオンビームが利用できる場合には以下のようなやり方で微分 G 値を評価している．

　反応による生成物の総生成量は見かけの G 値(トラック平均 G 値)，G_0 とイオンの試料打ち込み時のエネルギー，E_0 を用いて，$G_0 E_0$ と記述できる．イオンのエネルギー，E_0 を細かく変化させて，$G_0 E_0$ を精度よく測定し，それを縦軸に $G_0 E_0$，横軸に E_0 のグラフにプロットする．この曲線の接線がそのエネルギーでの微分 G 値を与える．なぜならば，実験で得られた曲線は G 値のエネルギー依存性，$G(E)$ を用いると，以下の関係をもつからである．各エネルギーでの微分がそのエネルギーでの微分 G 値に対応する．

$$G_0 E_0 = \int_0^{E_0} G(E) dE \tag{8.1}$$

実験で得られた曲線を精度よく多項式でフィッティングし，この多項式を微分して微分 G 値を求める．この具体例を次節でみることができる．エネルギーによらず一定の微分 G 値の場合，$G_0 E_0$ は直線的に増大するのに対し，エネルギー増

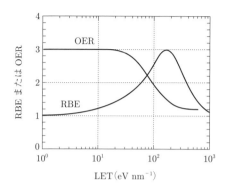

図 **8.5** OER と RBE の LET 依存性

大に従い, 微分 G 値が増加する場合には下に凸, 逆の場合は上に凸の曲線となる.

　イオンビームの生物効果についても触れておく. 微生物や細胞を対象としたときの放射線の生物効果の指標として OER(酸素増感比：oxygen enhancement ratio) と RBE(生物学的効果比：relative biological effectiveness)がある(図 8.5). 前者は同じ生物効果, たとえば酸素存在下と無酸素状態とでの生物の死滅しやすさの比率を示すものである. 無酸素下と酸素存在下での一定の割合を死滅させるために必要な線量の比で示し, 同じ死滅効果を得るために, 酸素が存在するときの線量を基準にして, 無酸素状態での必要な線量の比をとる. 低 LET 放射線では約 3 で, 酸素存在下で 3 倍効率よく生物を死滅するのに対し, 高 LET 放射線になると減少し, 放射線の LET に依存せず, 1 になることが知られている. もう一つの指標である RBE は同じ生物効果, たとえば生存率を 1/10 にするのに必要なイオンビームの線量を用いて, 250 keV の X 線を用いた場合の線量を除したもので, 図からわかるように 1 以上の数値となり, イオンビームの生物効果が X 線より何倍大きいかを示す. 通常, 同一のイオンビームの場合, LET 増大に従い, RBE も増大し, 最大値を経たのちに減少する. 最大値も着目する生物効果によっては 3 以上の大きな数値を示すこともある.

8.2.2　水　溶　液

　Fricke 線量計については 1 章で紹介した. 低 LET 放射線での照射では Fe^{2+} の酸化による Fe^{3+} 生成の G 値は, 酸素溶存系と脱気系で各々 15.6, 8.2 /100 eV

である．高 LET のイオンビームの照射では G 値は減少する．図 8.3 の照射セルを用いて空気溶存系の Fricke 線量計を ^{1}H, ^{4}He, ^{7}Li, ^{9}Be, ^{11}B, ^{12}C のイオンを照射したときの G_0E_0 を縦軸，横軸にエネルギーでプロットした結果を図 8.6(a) に示す[5]．さらに，このような実験結果をもとに得られた微分 G 値の，各種イオンビーム LET 依存性を図 8.6(b) に記す[5]．図 8.6(b) から明確なように，微分 G 値は，ビームの LET 増加により減少する．重いイオンほど同じ LET でも大きな G 値を与える．図 8.6(b) で，各イオンビームでの最小の微分 G 値に現れる曲線に折れ線が現れる部分が，それぞれのブラッグピークに対応している．もう一つ重要なことは，同じ LET である場合でも，軽い粒子のほうが小さい微分 G 値を示す．何れもエネルギーが減少，LET が増大するに従い，G 値は減少する．これはラジカル収量が減少することを意味している．1 章で紹介したように，Fe^{3+} の G 値は以下のように示される．

$$G(Fe^{3+})_A = 3(G_H + G_{e_{aq}^-}) + 2G_{H_2O_2} + G_{OH} \qquad (8.2), (1.9)$$

$$G(Fe^{3+})_D = (G_H + G_{e_{aq}^-}) + 2G_{H_2O_2} + G_{OH} \qquad (8.3), (1.10)$$

ここで，実験により $G(Fe^{3+})_A$, $G(Fe^{3+})_D$ を得ると，$(G_H + G_{e_{aq}^-})$ と $(2G_{H_2O_2} + G_{OH})$ が別々に決まる．微量の HO_2 発生が観測されることが，高 LET 放射線照射の特徴であるが，数値的には小さいので，これを無視すれば，$(2G_{H_2O_2} + G_{OH})$ は水の分解 G 値，$G(-H_2O)$，と等価であることから，水分解のイオンビームエネルギー，あるいは LET 依存性を評価できることになる．

　Fricke 線量計は酸性水溶液である．中性の水について放射線医学総合研究所の HIMAC 装置から発生する各種イオンビームの LET を変化させ，エネルギー付与後 100 ns での水和電子，OH ラジカル，H_2O_2 の G 値を，捕捉剤を用いて系統的に測定した結果を図 8.7 に示す[3]．測定値は図 8.4 に示された LET 曲線上に示す各測定点に対応する．LET 増大に従い，水和電子，OH ラジカルは減少，H_2O_2 は増大する．さらに，各イオンビームによる水分解のモンテカルロ計算の結果も実線で示す．計算は実験結果をよく再現していることがわかる．逆に，モンテカルロ計算の精度が高く，信頼できる評価法であることを示している．また，Fricke 線量計で観測されたように，同じ LET でも軽いイオンのほうが密なトラックを形成することが，ここでも確認できる．LET は単位飛程あたりのエネルギー付与量であり，飛程に直交する動径方向の密度についての情報はあらわに含まれていない．実験で得られた結果をもとにすると，同じ LET であっても，軽イオン照射で生成する放射線分解生成物分布のほうが，密度が高いことを

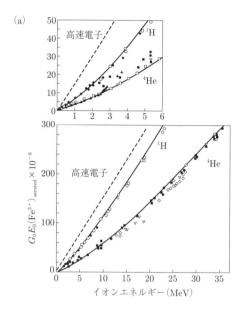

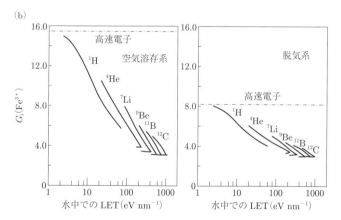

図 **8.6** （a）Fricke 線量計の H，He 照射時の G_0E_0 値のイオンエネルギー依存性と，（b）H, He, Li, Be, B, C イオン照射時の，空気溶存系と脱気系 Fricke 線量計の，微分 G 値のイオンエネルギー依存性．G 値（/100 eV）表示

J. A. LaVerne and R. H. Schuler: J. Phys. Chem. **91** (1986) 5770.

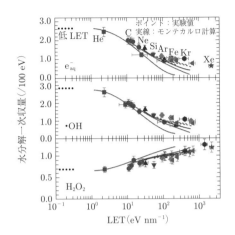

図 8.7 HIMAC 施設での各種イオンビームの照射
による水和電子(e_{aq}^-)，OH ラジカル（・OH），
過酸化水素(H_2O_2)発生の G 値
S. Yamashita, *et al.*: Radiat. Phys. Chem. **77**（2008）1224.

示している．これは，水中で同じ LET をもつイオンビームの飛跡に沿って，ビームと水分子の相互作用によるエネルギー付与の発生点を計算した，図 1.1 から理解できよう．

イオンビームの生物影響について OER が 1，すなわち酸素の有無により照射効果が変化しないことについては先に述べた．これに対し，「トラック内酸素仮説」が提案されている．すでに述べたように，水溶液の高 LET 放射線照射では HO₂・収量が増大することが Fricke 線量計系で実験的に確認されている．同様に高 LET 放射線照射では脱気系であっても，あたかも酸素が存在するような挙動を示すのは，飛程に沿って O_2 が生成するため，との仮説である．この O_2 は，高 LET 性による水分子の**多重イオン化**によって生ずる H_2O^{2+}，H_2O^{3+} などが起源，との仮説が提案されている[6]．しかしながら，いまだこの仮説は実験的に検証されておらず，今後の課題である．

8.2.3 有 機 液 体

液相の飽和炭化水素，芳香族炭化水素の代表として，シクロヘキサン，ベンゼ

ンに対してγ線や電子線照射の実験がされてきた. シクロヘキサンでは水素発生のG値は5.6/100 eVであるのに対し, ベンゼンでは0.038/100 eV程度で極めて小さい. 水素ガスの発生に注目して, ^{1}H, ^{4}He, ^{12}Cイオンでの照射実験が行われた. シクロヘキサンからの水素発生は用いたイオンビームの種類とエネルギーには大きく依存せず, 水素発生G値は5～6/100 eVである. それに対し, トルエン, アニリン, ベンゼン, ピリジンの水素発生G値は図8.8に示すようにLET依存性を示す[7]. これら芳香族分子の水素生成は, イオン照射ではγ線などの低LET照射よりも大きい. LET増大に従い水素収量も著しく増大するが, 同じLETの場合, 軽いイオンビーム照射のほうが収量は大きい. Fricke線量計でも観測されたように, 軽いイオンのほうが密度の高いトラック構造を形成するためである.

　シクロヘキサン中の捕捉剤実験などから, 低LET放射線照射では水素原子が周りの分子から水素引抜きを起こして水素分子を生成するのが主体であることがわかっている. 一方, 高LET照射の場合はトラック内反応が支配的になることが明らかにされている. ^{1}H, ^{4}He, ^{12}Cイオン照射によるベンゼンの最低一重項励起状態からの蛍光収量の減少と水素ガス生成収量増大には強い相関があることが実験により明らかにされ, 芳香物のイオン照射では最低一重項励起状態どうしの反

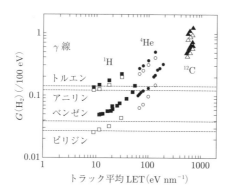

図 **8.8**　トルエン, アニリン, ベンゼン, ピリジンのγ線, ^{1}H$^+$, ^{4}He^{2+}, ^{12}C^{6+}イオンビーム照射時のH$_2$発生G値. 各イオンビームとも, この試料の順序で水素発生量が減少している. 点線は低LET放射線照射時の水素発生G値である.

J. A. LaVerne and A. Baidak: Radiat. Phys. Chem. **81**（2012）1287.

応により水素が発生すると考えられている．ほかの飽和炭化水素液体や芳香族液体中の LET 効果も，各々シクロヘキサン，ベンゼンと同様に理解できるものと思われる．

8.2.4　高　分　子

　高分子の照射効果の LET 依存性として，水素発生 G 値の測定結果が報告されている（図 8.9）[8]．低 LET 放射線照射時の，飽和炭化水素系の高分子，たとえばポリエチレンは水素の発生 G 値が 3/100 eV 前後であるのに対し，芳香族を分子構造に含むような高分子からの水素発生 G 値は小さいが，飽和炭化水素の含まれている割合に応じて水素の発生 G 値は増大する．これらを対象に高 LET 放射線を照射すると，シクロヘキサンとベンゼンで観測された水素発生 G 値と同様な挙動が観測される．すなわち，ポリエチレンでは水素の発生 G 値が LET に大きく依存せず，ほぼ一定値を示すのに対し，芳香族を分子構造に含むような高分子からの水素発生 G 値は LET の増大に従って著しく増大する．

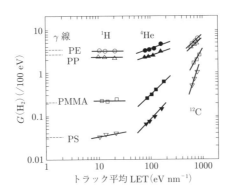

図 8.9　ポリエチレン（PE），ポリプロピレン（PP），ポリメチルメタクリル酸（PMMA），ポリスチレン（PS）の
　　　　γ 線，$^1H^+$，$^4He^{2+}$，$^{12}C^{6+}$ イオンビーム照射時の H_2 発生 G 値
　　　　点線は低 LET 放射線照射時の水素発生 G 値である．
Z. Zhang and J. A. LaVerne: J. Phys. Chem. B. **104**（2000）10557.

参 考 文 献

［第1章］
［1］A. J. Swallow: *Radiation, An Introduction*（John Wiley & Sons, 1973）.
［2］Y. Muroya, *et al.*: Radiat. Res. **165**（2006）485.
［3］沼宮内弼男：Radioisotopes **23**（1974）474.
［4］R. W. Matthews: Int. J. Appl. Radiat. Isot. **33**（1982）1159.
［5］G. V. Buxton, *et al.*: J. Phys. Chem. Ref. Data **17**（1988）513.
［6］P. Keene: Radiat. Res. **22**（1964）14.
［7］B. H. J. Bielski, *et al.*: J. Phys. Chem. Ref. Data **14**（1985）1041.
［8］G. Czapski and B. H. J. Bielski: J. Phys. Chem. **67**（1961）201.
［9］S. A. Kabakuchi *et al.*: Radiat. Phys. Chem. **32**（1988）541.

［第2章］
［1］早川晃雄：『実験化学講座 続14 質量スペクトル』日本化学会編（丸善, 1966）第8章.
［2］Y. Tabata, Y. Ito and S. Tagawa: *Handbook of Radiation Chemistry*（CRC Press, 1991）.
［3］Y. Katsumura *et al.*:Radiat. Phys. Chem. **21**（1983）103.
［4］Y. Katsumura *et al.*:Radiat. Phys. Chem. **19**（1982）267.
［5］近藤正春，篠崎善治：『放射線化学』（コロナ社，1980）第7章.
［6］J. B. Gallivan and W. H. Hamill: J. Chem. Phys. **44**（1966）2378.
［7］T. Shida and W. H. Hamill: J. Chem. Phys. **44**（1966）2375.

［第3章］
［1］M. Lin, *et al*: Radiat. Phys. Chem. **77**（2008）1208.

［第4章］
［1］*Radiation Chemistry, Principle and Applications*, eds. by Farhataziz and M. A. Rodgers（VCH Publishers, 1987）.
［2］S. O. Thompson and O. A. Schaeffer: J. Am. Chem. Soc. **80**（1958）553.
［3］F. Porter, D. C. Bardwell and S. C. Lind: J. Am. Chem. Soc. **48**（1926）2603.
［4］C. Willis, *et al.*: Can. J. Chem. **48**（1970）1505.
［5］A. J. Swallow: *Radiation Chemistry, An Introduction*（A Halsted Press Book, John

Wiley & Sons, 1973) p.129.

[第 5 章]

[1] G. V. Buxton, *et al.*: J. Phys. Chem. Ref. Data. **17** (1988) 513.

[2] *Radiation Chemistry, Principle and Applications*, eds. by Farhataziz and M. A. Rodgers (VCH Publishers, 1987).

[3] H. Hunt: Adv. Radiat. Chem. **5** (1976) 185.

[4] A. Migus, *et al.*: Phys. Rev. Lett. **58** (1987) 1559.

[5] P. Neta, *et al.*: J. Phys. Chem. Ref. Data **19** (1990) 413.

[6] B. H. J. Bielski, *et al.*: J. Phys. Chem. Ref. Data **14** (1985) 1041.

[7] J. W. T. Spinks and R. W. Woods: *An Introduction to Radiation Chemistry* (John Wiley & Sons, 1976).

[第 6 章]

[1] *Radiation Chemistry from Basics to Applications in the Material and Life Science*, eds. by M. Spotheim-Maurizot, M. Mostafavi, T. Douki and J. Belloni (EDP Sciences, 2008).

[2] *Radiation Chemistry, Principle and Applications*, eds. by Farhataziz and M. A. Rodgers (VCH Publishers, 1987).

[3] *The Study of Fast Processes and Transient Species by Electron Pulse Radiolysis*, eds. by J. H. Baxendale and F. Busi (D. Reidel Publishing Company, 1981).

[4] R. H. Schuler and P.P.Infelta: J. Phys. Chem. **76** (1972) 3812.

[5] S. J. Rzad, *et al.*: J. Chem. Phys. **52** (1970) 3971.

[6] J. W. T. Spinks and R. W. Woods: *An Introduction to Radiation Chemistry* (John Wiley & Sons, 1976).

[7] L. Wojnarovits and J. A. LaVerne: J. Phys. Chem. **99** (1995) 3168.

[8] K. Enomoto, *et al.*: J. Phys. Chem. A. **110** (2006) 4124.

[9] F. Hirayama and S. Lipsky: J. Chem. Phys. **51** (1969) 3616.

[第 7 章]

[1] 幕内恵三：『ポリマーの放射線加工』（ラバーダイジェスト社，2003）.

[2] 玉田正男：『放射線利用』工藤久明編著（オーム社，2011）第 8 章.

[3] 田川精一：『新高分子実験学 第 4 巻　高分子の合成・反応(3)高分子の反応と分解』高分子学会編（共立出版，1996）第 6 章.

［第 8 章］

[1] *Charged-Particle and Photon Interactions with Matters, Chemical, Physicochemical, and Biological Consequences with Applications*, eds by A. Mozumder and Y. Hatano （Marcel Dekker. 2003）.

[2] J. A. LaVerne and R. H. Schuler: J. Phys. Chem. **91** （1987） 6560.

[3] S. Yamashita, *et al.*: Radiat. Phys. Chem. **77** （2008） 1224.

[4] 『アイソトープ手帳 第 12 版』（日本アイソトープ協会，2020）.

[5] J. A. LaVerne and R. H. Schuler: J. Phys. Chem. **91** （1986） 5770.

[6] J. Meesungnoen, and J.-P. Jay-Gerin: Radiat. Res., **171** （2009） 379.

[7] J. A. LaVerne and A. Baidak: Radiat. Phys. Chem. **81** （2012） 1287.

[8] Z. Zhang and J. A. LaVerne: J. Phys. Chem. B. **104** （2000） 10557.

索　　引

東京大学工学教程

2020 年 3 月

著者の現職

勝村庸介（かつむら・ようすけ）
公益社団法人日本アイソトープ協会 常務理事
東京大学名誉教授

工藤久明（くどう・ひさあき）
東京大学大学院工学系研究科原子力専攻　准教授

東京大学工学教程　原子力工学
放射線化学

令和 2 年 4 月 10 日　発　行

編　者	東京大学工学教程編纂委員会	
著　者	勝村　庸介・工藤　久明	
発行者	池　田　和　博	
発行所	丸善出版株式会社	

〒101-0051 東京都千代田区神田神保町二丁目17番
編集：電話（03）3512-3261／FAX（03）3512-3272
営業：電話（03）3512-3256／FAX（03）3512-3270
https://www.maruzen-publishing.co.jp

ⓒ The University of Tokyo, 2020

組版印刷・製本／三美印刷株式会社

ISBN 978-4-621-30495-2 C 3343　　　　Printed in Japan